郭老師的
運動減重課

教你真正能幫助減重塑身的運動！

提高基礎代謝率更不需要挨餓！

當個身材好又健康自信的快樂人！

郭豐州———著

被胖胖體型困擾的讀者們，
願大家早日擁有自己滿意的體型，
更重要的是——擁有健康。

小時候在南部山城長大，在那經濟不發達、學校中午還有外援的營養午餐的年代，學童體型都偏瘦弱，全校幾千個小朋友當中，唯獨我一個人長得白白胖胖的，所以全校老師都認識我，至今還記得，我小學四年級時，體重就有44公斤。本來因為是左撇子，有機會去參加當時風靡全台的少棒隊，但是家中不同意，所以這體型就一直跟著我長大，高中時同班同學還跟我取個很女性化的綽號「愛麗芬」，這可跟我的性向沒關係，它是英文「大象」的譯音。

這體型也不是全然吃虧，那年代考上大學先得上成功嶺受訓，第二天師長來連隊視察，大家緊張得要命，後來才知道，師長親自來挑選開訓結訓典禮時上台的學生代表，條件是不要近視的，也不要看起來營養不良的，剛好我都滿足條件，於是成為當年上台從國防部長手中接結業證書的小胖子。

其實我一直有在運動，大學時打球居多，當完兵找不到球伴，此時歐美又風行起跑步，於是我也開始跑步運動，但是體型依然故我，直到回到校園

教書，好友推薦肌力訓練，我開始認真的做起肌力時，體型才開始改變，肩膀變寬，撐起骨架，臀部肌肉重新塑形，穿衣服比較好看了。但是事情一忙，跑步運動量變少，脂肪又開始堆積，直到去年創辦跑步學堂之後，有機會和學員有較多練習機會，固定一週三次的10公里練習，半年左右，體重就從接近80公斤降到70公斤左右。

在一次演講機會遇到讀者蕭先生，他說看了我2013年出版的跑步書《郭老師的跑步課》後，開始跑步，一年瘦下30、40公斤，變成大帥哥！又有幾位跑步學堂的學員也因為跑步和做肌力，體型有了重大的改變，原先上百公斤的老王，和生產完後體型變形的真娟，都在實施我的運動處方之後，變回年輕、正妹模樣。於是我想把簡易可行，而且適合現代生活的減重方法介紹給也跟我一樣、從小就被胖胖體型困擾的讀者們分享，願大家早日擁有自己滿意的體型，更重要的是──擁有健康。

──郭豐州

0 減重從認知著手

1 運動減重的終極策略

2　學會聰明的吃

3　哪些運動適合減重？

4 在家也可以做的肌群訓練與伸展

5 運動減重成功案例分享

6 郭老師的建議課表

0 減重從認知著手

肥胖是健康殺手

衛福部給我們的資訊中很清楚地呈現：惡性腫瘤自1982年起已連續32年高居國人死因首位，其占率遠高於排名第二之心臟疾病（圖表1、民75年至101年國人五大死因升降情形）。

2013年十大死因死亡人數占總死亡人數之77.2%，以慢性疾病為主，依序為（1）惡性腫瘤（占29.0%）；（2）心臟疾病（11.5%）；（3）

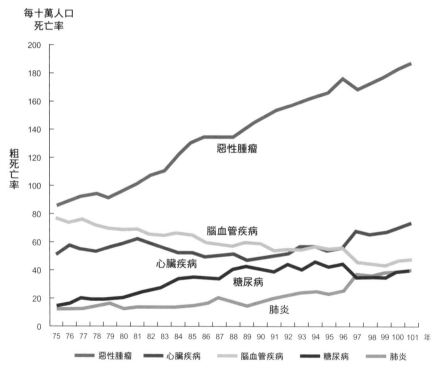

圖表 1 民 75 年至 101 年國人五大死因升降情形

腦血管疾病（7.3%）；（4）糖尿病（6.1%）；（5）肺炎（5.9%）；（6）事故傷害（4.3%）；（7）慢性下呼吸道疾病（3.9%）；（8）高血壓性疾病（3.3%）；（9）慢性肝病及肝硬化（3.1%）；（10）腎炎、腎病症候群及腎病變（2。9%）。

近年來有關癌症的研究呈現的事實是：雖然輻射、紫外線、細菌、病毒與環境化學物質都會傷害基因，引發癌症，許多人也覺得癌症跟先天的基因相關，但是研究者對後來生活在不同環境下的雙胞胎進行研究，卻發現其實**癌症與遺傳基因的相關性很低，約5-10%，與後天的生活型態與環境因素佔90-95%**。其中與因癌症而死亡的分析中，有35%與飲食直接相關。

研究者發現癌症的形成要10-20年，因此這些事實告訴我們：**長期的肥胖是造成癌症發生的重要原因**（圖表2、肥胖、荷爾蒙、胰島素和瘦素與癌症的關係。見第13頁），至於為何肥胖會增加癌症發生呢？以下簡單地說明不同分類的癌症與肥胖關係密切的原因：

1. **乳癌與子宮內膜癌**：女性乳癌一直為女性癌症發生率的首位，主要原因是**肥胖會增加血液女性荷爾蒙的濃度**，子宮內膜癌也是因為女性荷爾蒙的濃度過高引起的。

2. **攝護腺癌**：脂肪細胞增加會讓雄性激素濃度上升，導致攝護腺癌發生機率增加。

3. **大腸直腸癌**：大腸直腸癌不論在女性或男性都為癌症發生的第二

位。肥胖引起大腸直腸癌之機轉，也和增加胰島素抗性相關。另外，也因過多脂肪攝取會增加腸道內膽酸的分泌，膽酸在腸道細菌的作用下，會形成催化腫瘤成長的代謝物，加速大腸直腸癌的形成。

4. **胃癌與食道癌**：肥胖者胃癌發生率較高主要原因是**肥胖會增加食道逆流的機會**，而食道逆流造成的胃賁門附近黏膜受損，增加此部位發生癌症的機率。

5. **胰臟癌**：肥胖引起胰臟癌的機轉和**胰島素抗性相關**。

6. **膽道膽囊癌**：肥胖增加膽道膽囊癌的原因，是因為肥胖會增加膽結石的發生，增加膽道膽囊癌機率。

我們注意到這些致癌的機轉中有不少跟胰島素和胰島素抗阻性有關，胰島素的作用是當人體吃進食物消化後，利用血管把身體器官工作時需要的燃料——醣類送到全身，**胰島素的作用是好像是一把鑰匙**，當血液把燃料送到器官門口時，胰島素開門讓燃料進到我們人體器官中，維持身體的運作，當胰島素出現抗阻性時，就好像鑰匙鈍掉了，打不開門，燃料送不進去器官，停留在血液中的醣類濃度變高，於是我們驗血時測得的血糖就過高了。好消息是科學家的研究發現，**運動可以有效地降低胰島素分泌，也可以降低胰島素抗阻**。

運動不但可以減重，還可以抗癌

許多研究顯示，無論男女，體能狀況與罹患癌症死亡率成負相關，**體能越佳，罹癌比例越低**。理由是運動促進大小腸蠕動，能減少結腸與直腸癌發生。胰島素會促使腫瘤的發展，胰島素阻抗與乳癌、直腸癌、胃癌、胰臟癌、子宮頸癌都相關。研究發現運動能降低胰島素分泌，而且**中度運動量對恢復胰島素敏感度最好**。

運動會促進肌肉分泌至少4種可以誘發腫瘤細胞凋亡作用的肌肉激素，激素進入血液循環中，隨著血液循環到達異常的腫瘤組織。但是，需要運動30分鐘後血液中肌肉激素濃度才會上升，並且能維持3小時之久。

運動降低癌症之可能機制有：
- 身體活動預防肥胖，降低體脂肪
- 身體活動改變代謝荷爾蒙濃度
- 降低胰島素、促進胰島素敏感
- 降低促脂肪發炎激素
- 促進調控代謝功能的肌肉激素分泌

人體的脂肪會分泌**瘦素**，它的功用是調節脂肪儲存，抑制食慾，控制**體重**，是人體自然的調控體重的機制。身體脂肪率越高，瘦素也分泌

越多，人體一旦腫瘤組織確定成形，瘦素會激發癌細胞增生、轉移與入侵組織，對瘦素具有反應的腫瘤組織包括乳癌、胰臟癌、食道癌、胃癌與結腸癌的腫瘤組織細胞。

發生乳癌的主因是女性荷爾蒙濃度過高，身體活動可以降低女性荷爾蒙濃度，可以抑制乳癌細胞增生。男性方面，攝護腺癌主因是睪固酮濃度過高，身體活動可以降低睪固酮濃度。

人體免疫系統是我們人體擁有的堅強護衛，**最強的左右護法是「白血球」和「自然殺手細胞」**，它們幫我們消滅不健康的細胞和外來入侵的細菌。白血球在人體休息時附著在血管壁，運動時會掉下來，加速清除不健康的組織細胞，同時運動會促進白血球吞噬、毒殺能力，增強吞噬細胞溶解腫瘤細胞的功能。運動時自然殺手細胞活性也增強，功力增強之後清除不健康的細胞的能力也大增。

科學界發現人體運作的時候會自然產生自由基，其中活性氧自由基最具破壞力，能氧化蛋白質、脂肪和核酸等，造成基因突變、細胞癌變、老年性癡呆、心血管疾病、白內障、帕金森氏症、糖尿病等許多老年性疾病。因此，要想**健康長壽就要增強人體的抗氧化能力**。科學研究的證據顯示出**運動時，人體各種抗氧化酶濃度增加，增強了人體抗氧化能力**，是抗衰老、防止癌症的重要手段。看來「要活就要動」這句老話，很有道理，已經得到的科學證據也充分證明運動能減少肥胖，能降低癌症發生的機率。

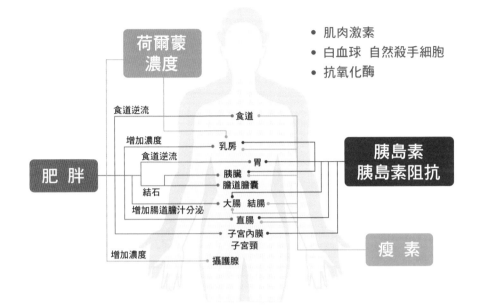

圖表 2 肥胖、荷爾蒙、胰島素和瘦素與癌症的關係

光運動減不了體重

運動可以消耗多少熱量？就運動熱量消耗表（圖表3，見下頁）來分析，以平常的速度騎自行車，消耗的熱量其實很低，非專業等級的人騎車時速常低於時速20公里，因此燃燒熱量的效果不如慢跑，游泳蛙式很省力，自由式較費力，但是能夠持續用自由式游一小時以上的人其實不多，消耗的熱量也低於慢跑。因此以燃燒熱量的角度看，慢跑效果最好，體重70公斤的人慢跑一小時可以消耗700大卡。

活動	大卡／公斤／小時
游泳—蛙式	6
游泳—自由式	8
散步	3.1
快走	5.6
慢跑（時速8公里）	10
輕快跑（時速10公里）	12
跑步（時速12公里）	15
騎自行車（時速8.8公里）	3
騎自行車（時速20公里）	9.7

圖表3　運動熱量消耗表

不過，別以為馬場上都是瘦子，事實上，許多人雖然南來北往地跑馬拉松，但是在參賽時，主辦單位怕大家餓了跑不下去，在補給站就提供高熱量飲料和美食，進終點後，又熱情地提供各式在地風味點心，等休息過了之後，參賽者又想：跑這麼遠來，網路上介紹的當地美食豈能錯過？於是，又去尋訪名店大快朵頤，或者大夥兒歡樂聚餐，一場馬拉松下來，其實吃進去的熱量比消耗的多。所以馬場上會看到中廣體型的人不少，加上跑多了身體會產生動作的經濟性，其實身體消耗的熱量比以前剛參賽時少很多。研究數據顯示跑十場馬拉松之後，你的身體消耗的熱量越來越少，第十一場馬拉松消耗的熱量大約是第一場的2/3而已。可是參賽場次頻繁，人脈也增廣，賽後歡聚喝酒的機

會也增加了，一消一長，難怪有些跑者參賽次數高卻反而胖了。

因此，別以為運動一定會瘦下來，其實運動消耗的熱量遠不如我們想像地多，體重70公斤的人氣喘噓噓地跑個一小時（時速8公里）才消耗**700大卡熱量，一杯珍珠奶茶就統統回來了。沒命似的跑一小時（時速12公里）也才消耗840大卡**，差不多是一個拿起來輕飄飄的便利商店便當的熱量。換言之，我們要減重，光靠運動而不去注意飲食控制是收不到應有的效果的。

這些減重方式都沒效果又傷身

減重成功的定義是減到理想體重，然後至少保持八個月以上。因此，我們判斷減重的方法是否有效，不是看是否能夠瘦下來而已，而必須去看是否能瘦下來而且**保持理想體重八個月以上**，短期內讓體重下降，但無法保證能維持長時間的，都不是「有效」的方法。以下常見的減重方式都是無效又傷身的：

禁 食

不吃食物瘦得最快，一天可以掉一兩公斤，但是絕食一週身體器官肝臟、腸胃道、腎臟、心臟都會明顯萎縮，因為心臟突發性的心律不整而猝死的機會也大增。坊間還傳說禁食可以排除身體中的毒素，可是證據卻顯示，身體在得不到食物之後，由於需要熱量就會去分解脂

肪，但在過度燃燒消耗脂肪組織後，會將累積儲藏於脂肪中的脂溶性毒素，如農藥、戴奧辛、多氯聯苯等過去食物中**被身體吸收的毒素，再度釋出，使身體再度中毒**，而此時因身體虛弱，抵抗力低，便造成身體健康重大的威脅。最重要的是我們不能長期禁食，經常禁食，反而容易因補償心理，產生暴食症，體重會像溜溜球上上下下，身體不會健康。

節食

刻意的節食成功機會小，原因有二，首先是當吃進來的食物減少之後，**身體的本能會把基礎代謝率降低**，因為人是恆溫動物，需要熱量發熱好維持體溫，另外我們的器官運作也需要熱量，這些都是基礎代謝時需要的熱量，當食物補充不足時身體會去分解脂肪，同時把基礎代謝率降低，好維持身體運作，長期下來，只要吃進來的食物熱量高於已降低的基礎代謝（熱量），身體就本能地立刻把多餘熱量儲存起來，反而容易累積脂肪。例如本來60公斤的人，如果一天身體所需總熱量大約1800大卡，於是整天吃的食物熱量加總如果是1800大卡就達成平衡狀態。當刻意節食之後，若基礎代謝率降到1200大卡，此時即使吃得比以前少，比如吃進1500大卡的食物，也會多出300大卡，身體立刻把這300大卡熱量儲存成脂肪，變成吃得少，體重卻減不下來的情形。同時，心理上會往兩個極端方向發展，一是補償作用，節食一段時間就大吃大喝補回來，另一方向是造成神經性厭食症，對身體健康都不好，畢竟進食是人類本能，瞭解如何聰明地吃、吃飽才是正道。

藥物減重

市面上只有少數合法的減重藥物，但是卻流通著許多的不合法減重藥物，所有的藥物都有副作用，合法的藥物副作用較清楚，不合法減重藥物副作用不透明，對身體的危害可能很大。這些藥物大都是讓交感神經興奮，讓身體加速循環代謝，因此會感覺到口乾舌燥、手發抖的狀態。另一類的藥物是阻止身體將多餘的熱量轉成脂肪。吃減重藥有短期讓體重下降的功效，但是問題是**人不可能吃減重藥吃一輩子**，於是停藥之後，大多數又復胖了。

減重食譜或代餐

營養師開的營養食譜或者合法的代餐，都能在短期收到減重的效果，營養食譜會考慮到營養，讓人體不至於因減重造成身體營養不均衡，麻煩的是現代社會生活作息緊張，不太允許我們每天照著減重食譜準備食物，使用減重食譜的先決條件是要有時間，也要會烹調食物，現實生活中實踐的機會較小。至於代餐的問題是餐點本身不是天然食物，受限於科學技術，萃取食物營養的過程當中無法把一些存在天然食物中的天然微量元素全部萃取出來，而人體長時間缺乏某些天然微量元素，體質會變差，免疫力會減弱，容易生病，因此我們還是從天然食物中吸取養分，對身體健康最好。

上述的減重方法既然無法維持八個月以上，人又不可能長期絕食、禁食、吃減重藥，因此採用能維持長時間，又不傷身體的有效減重方法才是聰明的作法。**運動減重不需要吃藥、不需要絕食、節食，也容易**

輕鬆開始與維持，運動對身體有諸多正面幫助，才是值得學習與採用的減重方式。

減重迷思多

很多人太渴望有良好的身材了，網路是方便搜尋資料的地方，但是我們發現在網路上流傳著許多不正確的說法，加上長久以來坊間本來就流傳著不少減重迷思，這些迷思誤導著我們，讓我們越減越重，因此想減重的人需要先釐清這些不正確的觀念：

一、「小時候胖不是胖」

其實早先這句話並不是用在減重這領域，而是「小時了了，大未必佳」的另一種通俗的說法，在隱喻我們不要為眼前的成功自滿，要持續努力，才經得起時間的考驗。不過，拿來講體重這件事，是要讓父母有這個正確的概念：嬰兒時期把小孩養得胖胖的，長大了仍然是胖子的可能性很高。脂肪細胞在一歲到一歲半的時候開始形成，一般在成人之後會高達3000億個脂肪細胞，如果嬰兒期養得太肥，脂肪細胞會比一般多，**脂肪細胞數目終生不會減少，只有在變瘦時脂肪細胞體積會縮小**，一旦飲食不慎，很快又吸收三酸甘油酯和膽固醇酯，體積變大起來。因此「小時候胖不是胖」應該改為「小時候胖，長大後很可能一定會胖」才對。

此外，我們在**青春期時，以及婦女在懷孕後期都有增加脂肪細胞數目的機會**，所以在青春期運動量要夠，吃的內容也要夠健康，才不會因為增加脂肪細胞數目，在成年之後難以控制體重。一般婦產科醫生都常警告懷孕媽媽體重不要增加太快太多，現今新的作法都鼓勵懷孕媽媽在懷孕期間仍保持運動習慣，以免在此期間增加了脂肪細胞數目，導致產後體型變形，瘦不下來。

二、「要減重不能太晚吃晚飯」

每天進食的熱量是要加總起來看總量，跟時間關係不大，如果太晚吃飯就會胖，那南歐的人都九點以後才吃晚飯，不就每個人都是胖子了？晚吃或者吃宵夜會胖的人，很可能是一天食物的總熱量本來就都已超過身體所需，再吃宵夜，熱量又增多，而不是時間的問題。有人聽信這種說法，下午五、六點就吃晚飯，可是十點以後還沒睡覺，正常的消化進度，此時已經會感到飢餓了，此時忍不住又再去吃點心或宵夜，就因為總熱量已超過每日所需而轉成脂肪。因此重點還是在總熱量，為了避免睡前感到飢餓，吃進多餘的熱量，其實應在睡前三至四小時吃飯即可，太早吃反而可能因為感到飢餓而不能入睡。

三、「泡熱水澡可以加快新陳代謝」

泡熱水澡的確可以加速身體循環，但是那是因為身體感測到熱水升高了身體的溫度，趕快加速血管中的血流速度，將水分送到汗腺，以便用排汗方式降溫，以維持身體的恆溫。泡完三溫暖，失去的只是水分，補充幾杯水就恢復，離開熱水，身體涼快下來，身體很快又恢復

正常，其實效果非常有限，遠不如運動加快新陳代謝的效果。

四、「要減重不能做激烈的運動」

有此一說：「從事劇烈的運動，就會消耗儲存在肌肉裡的肝醣。肝醣消耗後，會使血糖下降，空腹的結果使食慾更旺盛。因此，劇烈運動後，會增加攝取的熱量，反而變得更胖」。又說「通勤或購物這類活動，多半是在走路，因此能消耗脂肪。由於這類活動不會讓血糖下降，所以，也不會讓食慾大增」。的確，運動強度低的活動，消耗的大部分是脂肪，從「圖表4、運動強度與能量來源」（見右頁）當中可以得知，中強度以下的運動，能量的來源大多是分解脂肪而來，但是必須要更進一步知道的是，逛街一小時消耗的能量大約只有200大卡，即使全部都從分解脂肪而來，也只消耗分解了25公克的脂肪，換言之，只減輕了體重0.025公斤而已，是微不足道的，因此我們都知道逛街不會變瘦。至於激烈運動會不會讓食慾旺盛，吃更多？其實不會，**激烈運動時身體會分泌瘦素**，它達到一定濃度就會提示腦下丘抑制食慾、提高代謝率、抑制脂肪合成，**中度以上的運動30分鐘，身體就會分泌瘦素**。這可以解釋一個許多人共同有的經驗：大量運動後吃不下，反而輕量運動之後，食慾大開的現象。

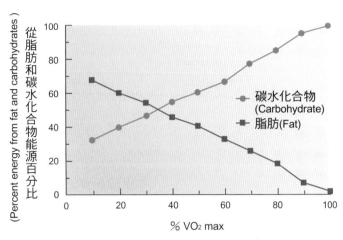

從脂肪和碳水化合物能源百分比（Percent energy from fat and carbohydrates）

碳水化合物 (Carbohydrate)

脂肪(Fat)

% VO₂ max

運動強度增加時，碳水化合物供應能量比例提高

圖表 4　運動強度與能量來源

我的理想的體重是多少

醫學上建議的健康體重是22（BMI）×身高（米）的平方。例如身高160公分，理想體重是56.32公斤（22×1.6×1.6），但是國人的BMI理想範圍是18.5-24。理想體重不是單一定數，而是一個範圍，前例理想體重的範圍，下限是47公斤，上限是61公斤，還是要看個人骨架大小，所以也不要太過緊張，尤其是女生總想更瘦才漂亮，經常刻意減重，方法又不對，導致減掉的是肌肉，增加的是脂肪。其實就健康角度來看，我們更應該重視的是身體脂肪比例（圖表5、理想體脂率，見下頁），有的人體重沒問題，但是體脂肪比例過高，屬於隱形肥胖，但其實也是肥胖，而且這訊息代表的是運動量不足，身體結實程度不夠，並不是健康的體重。運動員的體脂比例低，但是男性體脂率以不

低於10%為原則，過低會有無法正常勃起的問題，而女性以不低於17%為原則，體脂過低會影響荷爾蒙分泌，導致經期紊亂，甚至停經。

性別	理想體脂率		
	30 歲以下	30 歲以上	肥胖
男性	14-20%	17-23%	25% 以上
女性	17-24%	20-27%	30% 以上

圖表 5　理想體脂率

肥胖的第三個指標是腰圍，不管身高，舉凡男性腰圍大於90公分，女性腰圍大於80公分就是肥胖。**大腰圍是內臟脂肪過高的象徵**，大量的脂肪累積，會造成更多的游離脂肪酸進入血液，血液充滿了脂肪酸與膽固醇，漸漸就會沉澱，造成血管變窄，血壓上升。另外因為血液凝滯度的增加，氧化壓力就會提高增加動脈硬化的風險，一系列的心血管疾病就會出現。測量腰圍的位置是大約肚臍上方2公分。

三個肥胖判斷指標只要滿足其中一個指標，都定位為肥胖，都需要立即起而行來減重。站在預防醫學的觀點，我們要常常檢查自己的三個指標，是否保持在理想體重範圍之內，以維護身體的健康。

1

運動減重的終極策略

錯誤的減重方法達不到目的，短期間體重降下來了，但無法維持，減去的也只是水份和肌肉組織，而不是真正的脂肪，在復胖的時候，增加的卻都是脂肪，所以許多人愈是減肥愈是變胖。我們得到的結論是：不絕食不節食，不依賴藥物減重，**能真正減去脂肪的方式唯有透過中強度運動去燃燒脂肪**，因此一勞永逸的方法是養成運動習慣，能夠這麼做，**運動減重還會有一個大紅利——健康**！這健康包含身心的健康，也就是我們追求快樂的基礎。擬定運動減重的終極策略於下：

策略一　吃對的食物

把進食議題擺在策略的首位，就是因為前一章說明過的「光運動減不了體重」，不要以為不注意進食，光是多運動燃燒脂肪就可以減重，其實光是運動無法消耗太多熱量，還是要從源頭「進食」去管控。

關於吃，我們採用「三不原則」：

1. **不絕食**，對身體的危害太大，再恢復進食之後，身體會本能的吸收更多的熱量來彌補。
2. **不節食**，因為人有基本飽足的慾望，違反基本慾望不能維持長久。
3. **不採特別食譜**，因為現代生活沒時間依照減重食譜準備食物。

因此，可長可久的辦法是從日常食物中，去挑選不造成身體負擔、較低熱量、營養的食物來吃。在下一章節中對食物會有更多的介紹，並

認識對身體有益的地中海型進食策略。

| 策略二 | 把身體練結實，提高基礎代謝率，並且奠定運動的基礎 |

身體結實的程度和消耗熱量多寡直接相關，身體越結實，在運動時或者日常生活當中，身體消耗熱量就越多。因此鍛鍊身體的肌肉就能提高基礎代謝率，不需要到健身房，徒手或者簡易的器材就可以達到鍛鍊肌肉效果，一點也不困難。我們的具體作法是：

1.徒手鍛鍊核心肌群

2.用快走、慢跑和跳躍鍛鍊下半身肌群

3.高強度間歇HIIT

在第4章中會詳細解釋鍛鍊核心肌群與高強度間歇動作，以及該注意的事項。

| 策略三 | 充足的睡眠 |

當睡眠不足或者睡眠品質不好時，**人體的本能會以為你有面對外界的挑戰的需求，因此指揮身體運用各種方式儲存脂肪來應付變局**，因此要減重，要設法來讓自己有充足的睡眠。每人的睡眠需要的時間不

同，一般說6-8小時只是平均值，只要你覺得夠了就可以。睡眠品質才是重點，有深層的睡眠，身體腺體分泌才能正常，腦力記憶力才能運作正常。要能擁有充足的睡眠，必須做到：

1. 檢討自己的壓力來源。嘗試把巨大的壓力分散，或者拉長時間去完成工作，或者推辭一部分工作，或者找人分攤。把自己從慣常的思考模式中抽離出來，換個角度思考，改變想法，才能減輕壓力。

2. 足夠的運動讓身體疲累，睡眠品質會提高。

3. 睡前有準備。睡前需要擁有自己的時間，丟開手機、不看電視，讓自己沉靜下來，接著做自己的睡前儀式，例如洗熱水澡，聽音樂、看書、換穿睡衣等等。

策略四　在日常生活中就消耗熱量

其實不需要特地挪時間運動就可以消耗多餘的熱量，日常生活中就可以做得到：

1. 將生活方式由靜態改為動態。帶個計步器或者運動手錶，計數是否可以日行一萬步，多走路，改搭大眾交通工具上下班，走路時記得抬頭挺胸大步快走。

2. 隨時隨地都可以鍛鍊肌肉。上下樓梯可以鍛鍊大小腿肌肉；坐椅子時不靠背可以鍛鍊背部肌群和骨盆肌群；開會時在會議桌下把膝蓋伸直挺住一段時間可以鍛鍊大腿的股四頭肌；通勤時站在公車或捷運上時，可以單腳站立，把另一條腿打直離地後移即可鍛鍊臀部的

肌肉；雙手拉著捷運扣環即可練習繃緊胸大肌和上臂的肱二頭肌。隨時做持續幾秒到幾十秒的大肌群收縮，可以讓肌肉結實有力，日常生活中就可以消耗熱量。

鍛鍊
臀大肌

單腳站立，
另一條腿打直離地後移。

夾緊

鍛鍊
胸大肌

（未出力）

鍛鍊
肱二頭肌

（出力）

外觀上不會有太大差異，
不會引人側目。

策略五　用有氧運動來燃燒脂肪

當你吃對的食物，不吃進多餘油脂，你會擁有足夠的營養；每天有充足的睡眠，讓你神清氣爽；身上肌肉經過鍛鍊變得結實，基礎代謝率提高，日常生活方式又改成動態式生活，讓熱量的攝取和消耗，達到平衡之後，就要靠進行有氧運動來消耗過多的熱量，或者進一步減重了。

1. 選擇你有興趣且會做的有氧運動，一週四次，每次持續40分鐘以上。注意強度要到達有氧階段，心跳要達到最大運動心跳的65%（220-年齡即是最大運動量），才能達到效果。

2. 準備幾項有氧運動輪流做。一年到頭單只做一項運動會失去新鮮感，可以輪著做幾項運動，或者不同季節做不同的運動，讓運動保持趣味，也讓身體發展更平衡。

3. 參加團體或者參加比賽以維持動機。加入同好俱樂部，與同好共同切磋分享心得，增添運動樂趣。或者報名參加比賽，扎實練習，享受比賽樂趣，是維持運動動機的好方法。

2

學會聰明的吃

我能吃多少而且沒有過量？

我們每天能吃多少食物不過量，取決於我們的基礎代謝率。基礎代謝率是人體每天因為要維持體溫、器官運作所需的熱量。這不包括額外運動需要的熱量，也就是指我們靜止不動時，身體一天會需要的熱量。這數據告訴我們重要的飲食線索，回答了「到底我每天可以吃進多少熱量？」的問題，美國運動醫學協會提供了以下計算基礎代謝率公式：

男：BMR=（13.7×體重〔公斤〕）+（5.0×身高〔公分〕）-（6.8×年齡）+ 66

女：BMR=（9.6×體重〔公斤〕）+（1.8×身高〔公分〕）-（4.7×年齡）+ 655

如果覺得計算麻煩，可以粗略的計算為：體重×20，每人應計算瞭解自己一天可以吃進多少熱量的食物，作為自己覓食時的依據，建議採保守原則，因為現實上食物的熱量無法精確計算，寧可多算食物的熱量。絕大多數的人每天的基礎代謝率都在1200-2000大卡之間，其實兩個便利商店便當就會超量。這也告訴我們活動量不大的上班族需要額外的運動來消耗多餘的熱量，否則多餘的熱量就會轉成脂肪儲存。

基礎代謝率會與年紀、是否熬夜、內分泌是否失調、肌肉量多寡、節

食與否相關。年紀越大，基礎代謝率越低，所以年齡越大，吃的分量要比年輕時少。肌肉量越高，基礎代謝率越高，因此要減重的人，就必須把身上的肌肉練結實，每天即使不運動，身體也會消耗大量的熱量。經常熬夜的人基礎代謝率也會降低，加上吃宵夜，更容易發胖。

人一節食，身體本能發現進食太少，會自動調整降低基礎代謝率以便存活，這設計本來是用來應付我們突然遭遇變局（例如登山迷路，天然災害導致食物不足）時身體生存的本能反應。因此假如本來的基礎代謝率是1600大卡，一天可以吃兩個800大卡的便利商店便當，節食之後，基礎代謝率降為1000大卡，再吃兩個便利商店便當，反而多了600大卡。因此我們在不節食的原則下，要會挑選食物，要挑選對身體有益的、會感覺飽足，但是熱量較低的食物。

special column：減重會掉頭髮怎麼辦？

減重的人一定會改變飲食內容，少吃甚至不吃澱粉，肉類也比以前吃得少，因此身體會有營養不良或不均衡的現象，造成大量掉髮，從頭頂頭髮的分線可以看得很清楚，髮量變少變薄，通常在減重有效果兩個月之後開始發生，尤其是一個月體重掉兩公斤以上的女性會更明顯，那是因為**身體缺乏鐵和鋅等微量元素的緣故**，因此減重還是要適量的吃澱粉和肉類，讓飲食均衡。要把髮量恢復，就需要吃貝殼類含鋅的海鮮（如牡蠣），米飯可以部分改吃糙米，補充鐵質可以吃牛肉、羊肉類的紅肉。情況嚴重的可以考慮直接先補充鋅片和鐵劑，不過藥劑份量還是得跟藥劑師（或營養師）洽詢，兩個月後抽血檢查微量元素是否已經恢復水準，如果已經足夠，就不要再吃藥劑，身體有過量的鐵元素，會造成心血管疾病和肝功能異常，還是以從天然食物中攝取營養素是比較長遠的作法。

主 食

米飯一碗
約280大卡

炒飯 兩碗飯一份
約800大卡（米飯兩碗，加上油
炒，米粒吸油熱量加倍。）

燴飯 兩碗飯一份
約750大卡（米飯兩碗，加
上燴飯湯汁中含油量高。）

滷肉飯 一小碗
約350大卡（米飯加上肥肉，再
加上高熱量湯汁。）

陽春麵
約220大卡

炸醬麵
約350大卡（炸醬是油炒過
的，醬本身就是油脂。）

牛肉麵
約680大卡（除了熱量之外，鹽分過高也是牛肉麵的問題。）

燒餅油條
約820大卡（燒餅需用油才會有酥脆感，油條吸飽油脂才會膨脹。）

蛋餅
約385大卡（蛋和麵餅都會吸飽油脂。）

小吃類

蚵仔麵線小碗
約270大卡（羹類食品製作時需要加相當份量的油和玉米粉。）

肉羹湯小碗
約320大卡（羹類食品，加上肉羹必須先經過油炸過程。）

米粉炒小碗
約260大卡（米粉在製作時會吸飽油脂，但是表面上看不出來有油脂。）

飲料類

豆漿一杯或一碗
（一般中式早餐店的碗）
有糖約250大卡，無糖約85大卡

咖啡150CC
三合一約260大卡

可樂235CC
約99大卡

珍珠奶茶500CC
約850大卡

啤酒330CC
約104大卡

地雷食物
（地雷食物的意思是表面上看不出有油，
其實裡面飽含油脂，熱量奇高）

車輪餅
紅豆約180大卡（紅豆要加很多
糖才會有味道）奶油約285大卡
（奶油就是油脂）

燙青菜（加肉燥湯汁）
約260大卡（青菜熱量不高，但
是肉燥湯汁熱量就高了。）

鍋貼10個
約780大卡（鍋貼製作時會讓麵
皮完全吸收油脂之後才起鍋。）

起士蛋糕
約450大卡（起士本身就是油
脂，西餐烹煮時常先放小塊起
士潤鍋。）

洋芋片10片
約300大卡（洋芋片是油炸的，
鹽分也很高。）

蝦味先一大包
約446大卡

米粉湯 約350大卡
（米粉湯的高湯用動物內臟熬煮，
烹調過程讓米粉吸飽了油脂。）

油豆腐 約150大卡
（豆腐本身熱量低，但是油豆腐是
油炸過的，會吸取很多油脂。）

....

便利商店食物　（便利商店的食物包含「關東煮」各材料，
目前都有標示熱量。）

關東煮貢丸　約47大卡　　關東煮魚板　約38大卡

便當　約820大卡　　　　御飯團　約230大卡

烤蕃薯100公克　約124大卡

每個人都可能有愛吃的「地雷」食物，或者是高熱量的零食，或者是不喝會思念的飲料，明知道這些食物飲料的內容不健康，熱量也破表，但是總是會克制不住。**舉凡香、酥、脆的食物內容油脂一定很高，舉凡會甜的食物，一定有熱量**，一定甜到讓腦中多巴胺大量分泌，我們才會上癮。有時忍了很久，終於投降，還多買了一份，躲起來一個人大快朵頤一番，滿足味蕾，也紓解了對食物的相思。其實，你不用再忍耐了，有了食物的正確熱量認知之後，當然要少吃這些地雷食物，但是既然不能不吃，就先告訴自己少買少吃，真的很思念了，就去買，然後千萬不要一個人躲起來吃，大方的與人分享，找三個人分享，吃進去的熱量就只有原先的四分之一，既滿足了想吃的慾望，又可以增進與親友同事間的感情，一舉兩得，不再有罪惡感，因此記得「好東西」要跟好朋友分享！

必贏的飲食策略

策略一：營養平衡的飲食

不管體重正常與否，身體都需要保持營養充足的狀態，不應該在減重的時候讓身體營養有空窗期，疾病會趁此機會入侵。同時健康的飲食型態才能保持合宜的體重，讓減重成果保持住。圖表6的飲食型態是目前營養研究領域最推薦的地中海型飲食（Mediterranean diet），它是環地中海國家如希臘、西班牙、葡萄牙、義大利的傳統飲食模式（圖表6、地中海型飲食方式，見40頁）。該飲食法的基本原則是：

1. 以蔬果為主：大量吃水果和蔬菜、穀物和雜糧；多吃豆類、堅果、橄欖油。

2. 在肉類部分：以魚類、海產為主，適量食用牛奶和奶製品、蛋、禽肉，其次才是紅肉、肉製品、加工食品。

3. 在飲料部分：多喝水、可以喝紅葡萄酒、不喝含糖飲料。

另外，地中海飲食常生吃蔬菜。橄欖油用來調成沙拉醬、或淋在已煮好的菜上面、或沾麵包；橄欖油以生吃為多，非高溫烹調。

烹調方法是關鍵之一，國人烹調食物習慣用油炒，不僅吃進太多油脂，也讓炒過熱量加倍的食物下肚，例如一碗白飯熱量大約280大卡，

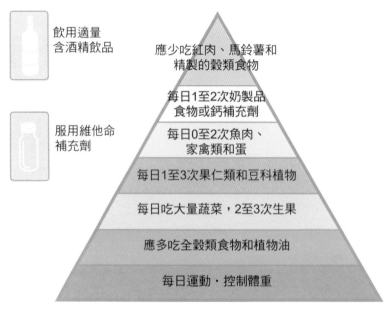

圖表 6　地中海型飲食方式

市售一盤炒飯，裡面有兩碗飯份量，再加上油脂，熱量直衝800大卡，無怪乎超重危機四伏。

雖然我們不是位於地中海，我們也不生產橄欖油，主食是米麵不是麵包，但是我們還是可以依照地中海飲食的原則去挑選食物，國人大部分在肉類的選擇，以豬肉和牛肉為主，而以海鮮類為輔，地中海飲食方式倒過來，以海鮮類為動物性蛋白質的主要來源，豬肉牛肉次之，一週只吃一兩次。

策略二：吃隨處可見的食物

如果因為減重去吃特別的食物，方便性是一大阻礙，畢竟現代都會生活不同於以往，外食的機會很高。大部分的人三餐都在外面吃，即使是早餐也都是買現成的居多。因此「方便性」是我們選擇食物的考量主因，另一考量因素是「持續性」，即便減重食譜有效，也可能因為無法長久吃特別準備的食物而失效，更有可能因為營養不均造成身體傷害。因此兼顧方便性和持續性的考量下，我們就從日常生活當中隨處可見的食物中去挑選食物是最好的辦法。

策略三：減油不減量

某政府首長說他減重的方法很簡單：「每餐的量是以前的一半」。說來容易，真正做得到的人很少。刻意減少食物的份量，需要很強的意志力，或者有堅強的動機，對一般人來說太難做到了，因為身體的本能就是要吃飽，免於飢餓，違反人的本能，很難持久。往往節食一陣子之後，因為本能的關係，大吃大喝一番以補足身體的不足，造成體重

上上下下像溜溜球，對健康有害。因此減重不要刻意節食，自己可以減量當然很好，不能減量沒關係，不必有罪惡感，往減掉油脂的方向做，收效就很棒。

原來台灣傳統的食物烹調方式就常用油炒，油煎和油炸，加上大家講究口味，許多要讓消費者覺得香的食物就用油炸（如香雞排），油煎（如蔥油餅）或者加奶油（如濃湯）。後果是食物本身熱量還好，但油脂的量讓熱量加倍，因此入口的食物去掉油脂很重要，去油的原則是：

1. 少吃油炸食品。
2. 少吃油煎食物。
3. **油炒的食物先把油瀝乾再吃。**藉由坊間賣的切油盤的簡易設計，傾斜的盤底可以讓湯汁流出，只要把食物放在盤中，靜置一兩分鐘，湯汁就自動流到周邊，**讓菜餚與湯汁分家**，因為湯汁中油脂很高。建議讀者自購一個切油盤，別把油脂吃進肚子。外食夾起自助餐菜餚的時候，等幾秒鐘讓菜汁滴下再移到自己的自助餐盤中，都是減少油脂的實用方法。
4. **注意隱藏版油脂。**不是油炸、油煎、油炒的食物，並不就代表油脂少，我們要注意任何**聞起來、吃起來很香的食物，往往隱藏其中的油脂量都很多**，不輸於油炸食品。例如一般麵包為了要有香味，在製造過程加了大量的人工反式脂肪，可是外表看不出來有油脂，吃白飯時澆上濃汁更下飯，清燙的青菜上淋上肉燥湯汁，熱量比熱炒有過之而無不及。任何濃湯中一定會放奶油才會又濃又香，這些都

是隱藏的油脂，我們要有戒心，避免吃下大量的油脂而不自知。

5. **喝湯時先把油瀝乾再喝。** 有人建議飯前先喝湯，把肚子填滿一點，再吃飯，可是我們還是得先注意湯的內容，還好油脂的比重小於水，因此油脂會浮在湯的上面，很容易觀察到，事實上大多數自助餐廳提供的免費配湯上面都有一層油脂，避免多喝較好。如果在家煮湯，尤其是雞湯，上面會浮一層油脂，可以用湯匙或者吸油紙先去除之後再喝，避免吃進太多油脂。

策略四：澱粉類的選擇

不可避免的我們需要碳水化合物來提供人體運作時的能量，營養專家建議一天的熱量來源必須有一半來自澱粉類的食物，米飯和麵條的內容除了提供熱量的糖類之外，還有膳食纖維、脂肪、蛋白質、鈣、鐵、磷、維生素B1與B2等，米麵消化容易，能提供人體熱量和基本的營養，是不可或缺的食物，因此傳統上稱它們為主食。

不過在此要介紹「升糖指數」（Glycemic index，簡稱GI），用於衡量糖類對血糖量的影響。吃進含糖類食物，經消化吸收後，胰臟會分泌胰島素，配合糖類送到全身器官供作運作的燃料。每一種食物的升糖指數不同，**升糖指數高，會讓身體分泌更多的胰島素**，人體胰島素分泌太多的時間太久，也就是長時間吃太多糖類食物，會造成胰島素阻抗和胰島素分泌減少的問題，是罹患糖尿病的主因，同時食物產生的升糖指數高，血糖下降得也快，也就是餓得快，吃得更多。因此，一樣吃進澱粉類食物，我們基於升糖指數和油脂含量的考量，要採用聰

明的吃法，原則是：

（1）麵條比米飯好（米飯的升糖指數較高）

（2）蕎麥或全麥麵比白麵好

（3）米飯比麵包好（麵包含油脂量高）

（4）米飯比稀飯好（稀飯升糖指數較高）

（5）糙米飯比米飯好（米飯升糖指數較高）

（6）冷飯比熱飯好（冷飯身體吸收糖類較少）

結論是當有選擇時，盡量選擇糙米飯或蕎麥（全麥）麵，它們的升糖指數是米麵類當中較低的，同時在吃飯或吃麵時，把飯或麵放涼一點再吃，此時澱粉化學結構會改變，讓小腸吸收糖類的量變少，總熱量就下降。

special column：運動前喝咖啡有助於分解脂肪？

運動前攝取200毫克咖啡因，大約是一杯小杯美式咖啡的份量，可以提高神經系統的興奮，促進身體消耗能量，也加速脂肪燃燒。對跑步來說，研究發現，不管長跑或短跑都有正面的效果，跑得快、跑得遠又不累，不過飲用的時間要對，**在運動前一小時喝**。分量也要適當，大約每公斤體重3-6毫克，例如60公斤的人，喝的份量是180毫克-360毫克，大約是一到兩杯的美式咖啡。喝多了，交感神經過於興奮，會心悸、頻尿、血壓上升，對身體反而不利。

要減重，喝咖啡也有幫助，一杯咖啡就可以提升人體新陳代謝率3-4%，但是維持時間不長，一至兩小時而已，所以如果喝完咖啡去運動，能加速游離脂肪酸的分解，減重效果更好。值得注意

的是，只要是甜的，就有熱量，因此咖啡不宜再加糖和奶精。日常生活上早上喝咖啡最好，能刺激中樞神經系統提振精神，消水腫和刺激腸胃蠕動，有幫助排便的效果。

包括台大醫學院的國內外醫學研究發現咖啡對肝硬化、慢性肝炎和心血管疾病，都有良好的效果，因為咖啡成分中的**綠原酸有抗氧化作用**，能抑制致癌物形成，對於肝病是國病的我們，是一件重要的訊息。瑞典與日本的研究也都指出喝黑咖啡能降低罹肝癌的風險。咖啡會有苦的感覺就是成分有綠原酸，良藥苦口，它卻有清除自由基和抗氧化作用。其他如大腸癌、皮膚癌、乳癌都有研究數據顯示，一天喝咖啡兩杯的人有較低的罹病機率。還有醫學研究發現咖啡在預防心血管疾病和阿茲海默症、帕金森氏症等失智症上都有正面的作用。有痛風問題的，咖啡也有加速代謝作用，讓尿酸值下降。

但是醫師也提醒我們，這些效果都只限於喝黑咖啡；添加奶精與糖的即溶咖啡，喝下反而會增加「代謝症候群」的風險。成大家庭醫學部孫子傑醫師最近發表一篇〈從實證角度，談咖啡對於健康之影響〉的研究，他發現許多文獻都指出，適量咖啡有助於降低像是肝硬化、慢性肝炎等肝臟疾病，可以保護肝臟並降低癌症風險。但是即溶咖啡則不然，添加了過多的糖和奶精，反而提高代謝症候群風險。

他建議：「咖啡雖然會降低骨質密度，但是對於不是骨質疏鬆高風險族群，也不會有直接影響。如果咖啡中有加入牛奶，可以恰好抵消咖啡所造成的鈣質流失。」

3

哪些運動適合減重？

跑步是最簡單的運動

跑步是幾乎所有減重菜單中都有的運動，原因在於它簡單易入門以及燃燒脂肪效果顯著。許多跑友因為想減重而開始跑步，在體重下降之後，保持繼續跑步的習慣，有效地維持適當體重八個月以上，成功減重案例很多。

絕大多數開始跑步但是半途而廢的人，都是因為頭幾次跑步感覺很不舒服，原因在於此時身體的下肢肌力、肌耐力以及心肺耐力不足導致身體不適，因此離開學校一段時間的人或者是平日不太運動的人想開始跑步，應該從「快走」開始，不需要一開始就跑起來。

快走顧名思義就是走路的速度比平常快，每一步都比平常走路大步（增大步幅），兩腳迅速交換（加快頻率），為了加快步頻，雙手宜提起手肘，前後大力擺動，以手協調腳快速前進。每個人身材不一，步幅大小也不定，參考方式是先身體直立，直直往前傾，一個角度之後，身體為了保持不仆倒，本能會出腳支撐，踏出來的這一步就是理想中的步幅，不過要練習一陣子才能達到理想的大步幅。

一週三次以上的快走，幾週之後，你會感覺到下肢肌力與肌耐力都有長足的進步，自然而然就跑起來了，剛開始跑一定還會累，不能一次跑長距離，建議跑跑走走，例如跑兩分鐘，快走三分鐘，循環前進，

逐步把運動時間拉長到一個小時以上，才能有燃燒脂肪的效果。

任何運動都講究循序漸進，讓身體有適應的時間，才不至於超過身體的負荷而受傷，我們也應該從三公里、五公里開始，採保守原則，把體能加強。當具備跑走一小時的能力之後，就可以報名參加五公里或十公里的路跑賽了，參賽是讓自己有運動目標而不是得獎，因此「微笑通過終點」永遠是我們業餘運動者的目標，要能如此，條件是練習要足夠，而且參賽過程是自己體能可以負擔的。

想要養成運動習慣，要給自己設定一個短期目標（例如全程跑完五公里），並且想好給自己的獎勵（例如買一只GPS運動手錶送自己）。不管是不是參賽，只要完成自己的目標就高興地給自己獎勵，然後再繼續訂下一個目標。這兩年最受女性跑者歡迎的名古屋女子馬拉松，跑完禮物是淺藍色盒子裝的Tiffany項鍊，直接喚起女性心底的那份夢幻，很適合女性跑友設定成目標。

還有個秘訣是結伴，有同伴彼此鼓勵，就不會容易懈怠，練習時難免有難關，有難同當，容易超越瓶頸。能參加自己服務的機構的路跑同好組織最好，也可以去參加路跑俱樂部，不過要先打聽好該團體性質、成員、活動方式等等是否適合自己。

現代社會最適合的健身減重運動——鐵人三項

現代社會中最適合健身減重的運動排名前三名是跑步、騎自行車和游泳，如果三種運動都會，那就可以玩鐵人三項。這些運動都是需要使用身體大肌群的有氧運動，包含肌力、肌耐力、敏捷、平衡、韻律、爆發、速度等運動要素，對身體都是很有利的運動項目。具有基礎體力，但是沒有很多練習時間的人可以玩半程（750公尺游泳，20公里自行車和5公里路跑），體力佳的人可以玩俗稱全程賽的奧林匹克距離賽事，想挑戰自己的可以報名距離更長的半超鐵賽（總長距離113公里）和俗稱超鐵的鐵人賽（3.8公里的游泳，180公里的自行車和42.195公里的全程馬拉松）。

推薦從事鐵人三項運動還有個重大理由——讓全身肌群平衡的發展。游泳使用上半身肌肉多，自行車使用大腿肌群，對以跑步運動為主的人來說都是很好的平衡與輔助運動。同時，不同季節做不同的運動，可以提高運動趣味，避免常年同一肌群使用過度而有疲勞傷害。

游泳對很多人是障礙，其實只要會最簡單的蛙式就可以參賽，現在許多比賽都允許背魚雷浮標，安全性不是問題，當然使用蛙式游泳成績不會太好，因為蛙式游泳使用下身肌肉多，接下來自行車和跑步也都使用下半身肌群，容易疲憊。但是對於只是體驗，純為健康運動參賽的人來說無妨。雖然如此，要能在限時內完成，賽前練習還是必須

的，要讓身體習慣轉換不同形式的運動，必須在練習的最後階段一次連做兩項運動，兩次的「游泳結束後騎自行車」，以及「自行車結束後跑步」練習，可以讓身體肌群習慣轉換，才能在比賽時享受比賽樂趣。

最強力的燃燒脂肪運動器材──飛輪
（見DVD影片：踩飛輪示範）

飛輪是固定式自行車，但不是給人休閒地踩幾下用的，是做強度運動用途的設備。它的優點是讓住在都會區，練習自行車不方便的人得用飛輪代替自行車。飛輪是室內運動安全性高、能風雨無阻、也不需要常常得停下來等紅綠燈，持續運動效果佳。

使用飛輪前，先依自己的身材做個人化的調整：

1
坐墊高度：要調整到踩下時腿部幾乎能打直，如此能把踩踏的力量完全用到，也避免受傷。

2

坐墊前後距離：調整
坐墊，讓坐墊前沿到
手把龍頭的距離剛好
是你手肘的長度，這
種長度也是你身體和
把手龍頭的距離。

3

把手的高度：初學者
先將把手高度和坐墊
高度齊一，甚至高一
點也無妨。程度好的
人龍頭的高度可以比
坐墊高度低。

4

阻力大小：先把阻力
調到輕。

基本練習方式

A、低強度練習課表：

（1）熱身踩（15分鐘）

用感覺輕鬆的力量，但是轉速逐漸拉高到轉速每分鐘70以上。前幾分鐘很輕鬆沒吃力的感覺，但是15分鐘已經會開始流汗。

（2）阻力踩（20-30分鐘）

調整阻力環半圈（或一圈），感覺略微吃力即可，保持跟熱身踩時一樣的轉速，不變慢，持續踩。後面10分鐘應該開始大量流汗。可以邊擦汗或者補充水分，但是持續保持轉速。

（3）放鬆踩（5-10分鐘）

調阻力回去輕鬆狀態，持續維持轉速，最後3分鐘開始逐漸變慢。

B、中強度練習課表：

（1）熱身踩（10分鐘）

用感覺輕鬆的力量，但是轉速逐漸拉高到轉速每分鐘80以上。

（2）阻力踩（10分鐘）

調整阻力環半圈（或一圈），感覺略微吃力即可，保持跟熱身踩時一樣的轉速。

（3）強弱交替阻力踩（30分鐘）

調整阻力環一圈，會感覺吃力，竭力保持轉速，不變慢，持續踩2分鐘，再轉回輕鬆的阻力踩3分鐘。再開始下一回合強弱交替，持續6回合。會大量流汗，甚至飛輪車身和地上都是汗水。（記得結束時把滴

在車身的汗水擦乾，免得生鏽。）

（4）放鬆踩（5-10分鐘）

調阻力回去感覺輕鬆狀態，持續維持轉速，最後3分鐘開始逐漸變慢。

C、高強度練習課表：

（1）熱身踩（10分鐘）

用感覺輕鬆的力量，但是轉速逐漸拉高到轉速每分鐘80以上。

（2）三階強弱交替阻力踩（30分鐘）

調整阻力環一圈，會感覺吃力，竭力保持轉速，不變慢，持續踩2分鐘，接著把阻力轉到強度，臀部離開坐墊，起身抽車1分鐘，再轉回輕鬆的阻力踩3分鐘休息。再開始下一回合強弱交替，持續5回合。這會大量流汗，甚至飛輪車身和地上都是汗水。（記得結束時把滴在車身的汗水擦乾，免得生鏽。）

（3）放鬆踩（5-10分鐘），調阻力回去輕鬆狀態，持續維持轉速，最後3分鐘開始逐漸變慢。

立骨盆

想以騎自行車當運動的人第一步要學習的騎車技巧是「立骨盆」。騎自行車的大麻煩是騎一小段時間，下體附近就麻木了，原因是身體重心前傾，會陰部位壓在坐墊上，時間太久，以致神經麻痺之故。練習方式是身體先直立坐在自行車椅墊上，體會臀部與坐墊接觸的部位，此時骨盆是直立在坐墊上的。

1

骨盆直立在坐墊上。

接著上半身前伸，雙手往把手方向展延，但是保持身體重心仍然在原處，不要往前移。

一旦身體重心隨著身體前傾而移動，就會壓到會陰部。因此入門者要不斷練習，讓上半身延展，練習方法是踩在平地上，雙手拉欄杆，彎下腰，重心後移，伸展背部。一旦具備「立骨盆」技巧，騎再長的距離都不會麻木。

2

上半身前伸，雙手往把手方向展延，保持身體重心在原處。

飛輪運動後的伸展動作

騎自行車時大量使用骨盆前後與大腿肌群，運動後的靜態伸展也針對
這些部位進行，必做的兩個動作是：「蹲坐」與「蹲坐雙手後撐」。
前者伸展骨盆附近的肌群和腰部肌群，後者拉長大腿前側四頭肌群。

蹲坐

蹲坐
雙手後撐

做有氧運動需要40分鐘以上才有減重效果

我們人體日常活動時能量的來源是脂肪和碳水化合物（米麵蔬菜提供的能量），兩者比例約各半（見圖表7），使用碳水化合物提供的能量比例大一些些，當我們開始運動之後，兩者的比例開始互調，脂肪提供能量的比例上升，而碳水化合物提供的能量比例下降，在運動20分鐘之後，兩者開始「黃金交叉」，身體使用脂肪當能量來源的比例超過碳水化合物提供的能量比例，但是到40分鐘才會有較顯著的差異，而且這差異隨著時間拉長越來越顯著，所以我們說要運動減重要40分鐘以上才會有「燃燒脂肪」的效果，如果只運動20分鐘，消耗脂肪有限。

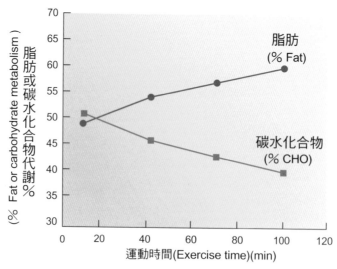

運動強度增長時，脂肪供應能量的比例會增加

圖表 7 運動時間與能量來源

在先前解釋運動強度與能量來源的關係，其中我們也發現了一個事實，那就是運動強度越高，例如進行舉重或者是激烈的球類運動，使用脂肪的比例就越低（見圖表4，第21頁）。強度低的日常活動使用脂肪的比例高，但是不代表輕鬆走路就可以大量燃燒脂肪，因為當運動強度低時也代表不需求太多能量，而脂肪能提供的能量很大，1公斤的脂肪能提供7700大卡的能量。換言之，假設你散步30分鐘，能量的來源大部分是脂肪，但是可能只消耗5-10公克脂肪而已。因此要消耗脂肪，就必須選擇強度中低的有氧運動例如快走、慢跑、騎飛輪、跳韻律舞，**運動時達到微喘，但還可以講話的強度**，然後維持40分鐘以上才有燃燒脂肪的效果。

如何游泳才能有減重效果？

台灣暑期很長，愛游泳的人也多，但是要達到減重效果就要進一步瞭解一些事實，首先是游泳的方式，大部分的人去游泳都採最省力的方式──悠哉悠哉地游，尤其是蛙式，水中有浮力加上動作具經濟性，**游半小時也只需要消耗200大卡**左右的熱量而已。其次是游泳容易覺得餓。游泳上岸之後會覺得餓，是因為水中有壓力，會擠壓內臟，離開水之後，壓力消失了，加上水會帶走溫度，游泳完身體核心溫度是低的。人是恆溫動物，當**體溫低時會本能刺激食慾**，趕快吃進食物增加熱量，以保持體溫恆定，因此一般利用游泳減重的效果不彰。如果要能有減重效果，必須做到以下要點：

1. 快慢交替。不能只是慢慢游，需要快慢交替，例如一趟快速，接著兩趟慢速，體力好的一趟快、一趟慢。讓運動強提升到會微喘氣但還可以講話的地步，但是動作要能持續40分鐘以上，不能游一趟，就休息一下。

2. 不同的游泳姿勢交替運用。蝶式使用上半身肌肉多，蛙式多使用下半身肌肉，每一種游泳姿勢使用不同的部位，會多種姿勢的人不妨多使用幾種姿勢，鍛鍊不同部位的肌肉，發揮游泳運動的優勢。

3. 使用輔助工具。戴著手蹼、蛙鞋、踢水板等輔助工具阻力更大，需要更用力動作，消耗脂肪效果更好。

暑熱當中，游泳運動是令人愉悅的事，長年跑步的人，在夏季改從事游泳運動，可以平衡身體肌群的發展，也讓下半身肌群獲得休息。體重較重的人，膝蓋受力較大，也可以用游泳來減重，不過，游泳完會特別感到飢餓，要特別小心補充食物不要過量。

4

在家也可以做的
肌群訓練與伸展動作

每一個人都要會的基礎核心肌群練習

核心肌群指的是身體軀幹部分，身體前後的大肌群（圖表8、身體前後核心肌群圖解），它們是用來支撐我們身體骨架，完成日常生活走路、坐姿、站立等各種姿勢和運動時動作完成的保證。換言之，生活中的正確姿勢和運動表現都靠它們。核心肌群有了足夠的肌力，不但平時身形挺立，運動時行動矯健，積極面可以防止運動傷害，是所有人（不管運動不運動）都應該擁有的身體基本肌力。以下是鍛鍊核心肌群的七個基礎練習：

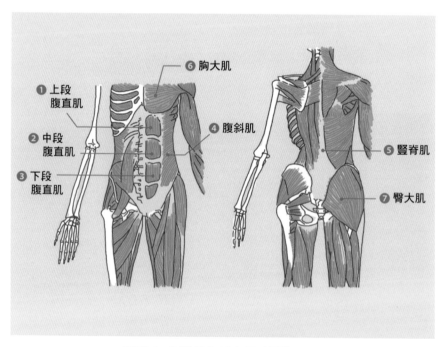

圖表 8　身體前後核心肌群圖解

① 上段腹直肌 （見 DVD 影片：核心肌群［基礎］）

動作敘述 身體平躺地面，雙腿彎起懸在空中，兩手掌攤平手指放在兩邊太陽穴位置，收縮腹肌讓上身離地。

動作要領 動作時雙眼保持看空中某定點，可以讓頸部不彎。

錯誤的上段腹直肌動作：
抱頭彎頸

② 中段腹直肌 （見DVD影片：核心肌群［基礎］）

動作敘述 身體平躺地面，雙腿彎起懸在空中，兩手掌攤平放在身體兩邊地上，收縮腹肌讓下腰部離地。

動作要領 腿部完全放鬆，雙腿不用力不擺動，把身體捲起來。

1

2

下腰部離地

錯誤的中段腹直肌動作：
靠腿前後擺動

③ 下段腹直肌 （見DVD影片：核心肌群［基礎］）

動作敘述　身體平躺地面，兩手掌放在腹部兩側，收縮腹肌讓雙腿伸直離地數吋，輪流單腿彎曲再伸直。

動作要領　雙腿幾乎貼近地面，動作頻率放慢效果更好。

錯誤的下段腹直肌動作：
空中踩腳踏車

④腹斜肌 （見 DVD 影片：核心肌群［基礎］）

動作敘述 身體側躺，手掌往下垂直身體面，撐住身體，上方的手掌攤平手指放在太陽穴位置，腰部肌群收縮，把身體從中間折起來，上半身和下半身都離開地面。

動作要領 折起時保持身體從頭、頸、身體一個平面才有效果。

錯誤的腹斜肌動作：
**身體無法保持
一個平面** ✕

⑤ 豎脊肌（見 DVD 影片：核心肌群［基礎］）

動作敘述　身體俯臥，雙手內彎手掌合疊在下巴，動作一、上下半身挺起（手掌仍貼在下巴），動作二、雙手打開，動作三、雙手再內彎（手掌回復貼在下巴），動作四、上半身回到地面。

動作要領　上半身抬起時，合疊在下巴的手掌一起離地。

預備

1

上下半身挺起，手掌仍貼在下巴

2 雙手打開

3＋4 雙手再內彎，
上半身回到地面

錯誤的豎脊肌動作：
**上半身抬起時，
手掌撐地**

⑥ 胸大肌 （見 DVD 影片：核心肌群 [基礎]）

動作敘述　身體俯臥，雙腿彎起到底，用膝蓋上方的股四頭肌著地，雙手把軀幹撐起離地，動作一、頭、頸、軀幹保持一個平面往下伏地，鼻尖微接觸地面為止，動作二、挺身。

動作要領　撐地的雙手掌往內旋，才會用到胸大肌。頭、頸、軀幹保持一個平面。

1 挺身

2 伏地

 錯誤的胸大肌動作：
**頭、頸、軀幹
沒有保持一個平面**

⑦ 臀大肌 (見 DVD 影片：核心肌群[基礎])

動作敘述 身體俯撐高跪，單腿往後延伸打直，動作一、打直腿，抬離地面往上到頂點，動作二、回復。

動作要領 軀幹保持平面，讓打直腿往上到頂點，讓臀大肌充分收縮。

抬到頂點

錯誤的臀大肌動作：
翻轉骨盆 ✗

以上是基本的核心肌群動作，動作熟練之後，可以加練左右前側腹斜肌，可以練出「馬甲線」。加練下段腹直肌，可以練出人魚線。產後媽媽加練凱格爾動作，讓骨盆底鬆弛的肌肉重新恢復緊實，可以治療尿失禁，男性練習也有同樣的效果。

前側腹斜肌（馬甲線）（見 DVD 影片：核心肌群［進階］）

動作敘述 身體平躺地面，雙腿彎起懸在空中，兩手掌攤平手指放在兩邊太陽穴位置，動作一、收縮側腹肌，手肘碰到對向膝蓋，動作二、回復，動作三、換另一側腹肌收縮，上身斜向離地，動作四、回復。

動作要領 兩手掌攤平手指放在兩邊太陽穴，張開手肘，旋轉上身。

錯誤的前側腹斜肌動作：
手肘未張開

下段腹直肌（人魚線）（見 DVD 影片：核心肌群 [進階]）

動作敘述　身體平躺地面，兩手掌放在腹部兩側，收縮腹肌讓雙腿伸直離地數吋，動作一、雙腿在空中打開，動作二、雙腿在空中合腳，動作三、右腳往上抬後回復，動作四、左腳往上抬起後回復。

動作要領　雙腿打直接近地面，但不接觸地面，動作頻率放慢才有效果。

預備動作

1 打開

2 合腳

3 右腳上抬

4 左腳上抬

凱格爾一式 (見 DVD 影片：核心肌群 [進階])

動作敘述 身體平躺地面，雙腿彎起，兩手伸直放身體兩側地面，動作一、撐起軀幹，停留30秒，動作二、回復。

動作要領 下背部、骨盆肌肉一起用力撐起軀幹才有效果。

1

2　撐起軀幹，停留30秒

凱格爾二式 （見 DVD 影片：核心肌群［進階］）

動作敘述 | 身體平躺地面，雙腿彎起，兩手伸直放身體兩側地面，動作一、骨盆往上翹，停留20秒，動作二、回復。

動作要領 | 骨盆肌肉群一起用力，讓骨盆上翹才有效果。

1

2

骨盆往上翹，
停留20秒

這些鍛鍊每項動作，初學者可以重覆6-8次，之後逐漸增加次數。每個動作都做過一遍之後，休息幾分鐘，再進行一回合，建議從一個回合開始，逐漸增加到三回合。初學者可以隔一天做，中間休息一天，熟練之後可以每天鍛鍊，認真練習，兩至三週就會有顯著的成效，核心肌群結實，自信心也會增強，身形變得挺拔。

核心肌群鍛鍊的要訣是第一、動作放慢，才能使用到深層肌肉，動作太快只能用到外層肌肉，鍛鍊效果不好。第二是在動作頂點停留數秒鐘，讓肌肉充分的收縮，接著再放鬆，反覆收縮與放鬆動作，就是肌群鍛鍊的最佳方法。

增進運動表現的進階核心肌群鍛鍊

棒式
（Plank）

動 作 敘 述	1. 讓頭、頸、背部與臀部呈現一直線。
	2. 縮小腹，臀部微微向前傾，提升運動強度，避免臀部下沈。
	3. 縮下巴，讓脊椎呈現自然曲線。
主要鍛鍊部位	可訓練背部深層的多裂肌與腹橫肌，保護脊椎與五臟六腑的健康。可以從做30秒、休息30秒開始，一次三回合，之後逐漸增加時間。

側撐
體棒式
（Side Plank）

1

2

動作敘述	① 身體轉側面，以手肘撐地。
	② 撐起身體時，讓頭、頸、背部與臀部呈現一直線。
	③ 回復。
主要鍛鍊部位	腹部、下背和腰臀肌肉群，增強身體的平衡感。每次維持30秒以上，逐漸拉長時間。如果可以，嘗試直接以手掌撐地，鍛鍊上背、肩膀及手臂的肌肉群。

反向撐
體棒式
(Reverse Plank)

動作敘述	① 身體平躺，以手肘撐地。
	② 在起身時，感受脊椎從骨盆一節節往上，胸、臀、膝呈一直線，維持30秒後放鬆下放。
主要鍛鍊部位	臀部、下背、大腿後肌群。

運動後不能不做的靜態伸展（站姿）

運動後的伸展以靜態伸展為主，讓身體律動停下來，深度伸展肌群不但能訓練肌群，恢復彈性，還可以把激烈運動過程中積存在肌肉組織中的廢物排出來，在靜態伸展過程當中，交感神經會慢慢下降，搭配著較輕柔的音樂，讓身體慢慢沈靜下來，享受跟自己身體的對話。必做的站姿靜態伸展動作有：

1
雙手背後
交握

2
身體前彎

胸肌的
伸展

（側面示意）　　　　　　　　　　　　　　　（正面示意）

上背部肌群的伸展

環抱虛擬大柱

下背部肌群的伸展

雙手伸直撐在半蹲大腿上，單肩突出，順便伸展大腿內側。

**腰部
肌群的
伸展**

雙腳交叉身體下彎，同時
伸展前腳大腿後側肌群。

**大腿
前側肌群
伸展**

屈起大腿，雙手握住鞋尖，
同時伸展小腿前側脛前肌。

**小腿
伸展一**

雙腿前弓後箭，
伸展小腿外層的腓腸肌。

**小腿
伸展二**

雙腿前弓後箭，
後腳微彎伸展小腿內層的
比目魚肌。

上半身
側面肌群
伸展

身體側轉到底,
雙手環繞身體。

（正面示意）

（側面示意）

髂脛束
伸展

單腳站半蹲，另一隻腳屈起跨於半蹲大腿上，
手掌下壓屈腳膝蓋。

防止運動傷害的動態伸展（見DVD影片：動態伸展）

前進大跨步

1　跨步下沈

身體下沈

2

跨步下沈
加轉身
雙手上撐

前進大跨步

身體下沈

轉身

雙手上撐

3 高抬腳
拉靠胸前

4 三步
抬單腳
前進

5

高抬腿
對向手
觸足尖

6

高後
踢臀部
前進

7

側向
手腳開合
移動

→

8 （側向
前後交叉
華倫步）

讓你體態優美的深度伸展

以下的深度伸展都是坐姿或躺姿,在運動後,如果有地方可以坐下或躺下,就可以進行下面的深度伸展,運動後的肌肉是溫暖的,做這些伸展可以增加柔軟度。每個動作都停在伸展的頂點30秒以上,配合深呼吸,讓運動覺醒程度下降,身體逐漸安靜下來,晚上好安眠。

上半身
兩邊體側
伸展

上半身兩邊體側一:
雙手向上伸直,手掌反交握。

上半身兩邊體側二:
雙手向上伸直,手掌反交握,
身體向左(右)延展。

防止
大小腿變粗
的伸展

大腿前側伸展一：
彎起小腿到大腿外側。

大腿前側伸展二：
沿大腿方向躺下。

大腿後側伸展：
雙手雙腳俯撐地面，
單腳跨到另一隻腳上。

臀部伸展

大字型平躺，單腿跨到另一側地面。
以雙肩能平貼地面，跨過去的腿膝蓋
能觸地為目標。

髂脛束
伸展

大字型平躺，單腿彎曲側放，
另一隻腿跨到彎曲腿上。

能提升身體基礎代謝率的高強度間歇運動（入門、中階、高階）

高強度間歇訓練（high intensity interval training，HIIT）

晚進的一些科學實驗發現，長期進行有氧運動的人的肌肉和脂肪會同時消失，因此，研發出一套打破傳統有氧訓練的方法，希望**減少脂肪而不是減去肌肉**，也希望訓練時間更短，效果更佳。研究指出，遵循HIIT訓練計畫可以比傳統訓練方式，在24小時內造成更高的新陳代謝，並消耗更多的卡路里。因為HIIT訓練計畫使你的身體達到了極限，這代表著需要更多的能量（卡路里）來恢復身體機能。因而確認了HIIT訓練方式可以提升身體燃燒脂肪速度並提升新陳代謝。

高強度間歇訓練中每項動作都反覆進行30秒鐘，休息30秒，再繼續進行下一個動作，一套動作完成的時間約7分鐘到10分鐘之間。有能力完成整套動作的，可以在休息數分鐘之後，再繼續進行下一回合。

1

雙手插腰，
前直抬腿
（停留 2 秒），
後直擺腿
（停留 2 秒）

2 原地跑步

3 彎身
手肘碰觸對向
抬腳膝蓋

4 單手撐地
轉身
手臂上舉

5 原地
開合跳

6 原地深蹲

兩腿收起　　　挺身站立

7 入門
Burpee
剝皮跳

中階 HIIT （見 DVD 影片：HIIT 高強度間歇運動［中階］）

1 原地
高抬腿
跑步

2 彎身
手肘碰觸對向
抬腳膝蓋，
後還原伸展

3

深蹲，
還原後高抬腿
手指觸腳趾

下沈

轉身

雙手上舉

4

雙腿一前一後
跨大步，下沈，
轉身，雙手上舉
（輕躍起換腿再做）

左腿前跨步，
下沈

換右腿

5

前跨步，
下沈，
還原（換腿）

6

深蹲
雙手上舉，
往上躍起

伏地挺身
+
Burpee
剝皮跳

伏地

雙腿收起

躍起！

高階 HIIT（見 DVD 影片：HIIT 高強度間歇運動［高階］）

1 雙手撐地　雙膝跪地　單腿屈膝外抬　還原

2 原地　高抬腿　跑步

3

上半身
直立，
左右交替
側蹲

出拳！

4

護頭！

左右鉤拳
各兩次
流輪出拳＋
雙手護頭
彎腰閃拳

彎腰閃拳！

5

深蹲
開合跳

深蹲

躍起！

PS. 深蹲也可以做側深蹲，見DVD中影片示範。

伏地挺身
+
伏地雙腳爬山
+
Burpee 剝皮跳

6

伏地

側抬左腿

側抬右腿

挺身

收回雙腿

跳！

實 用 小 要 訣 / 1

跑步時腳抬不起來怎麼辦？（見DVD影片：鍛鍊下肢肌力）

許多人跑步時拖著腳跑，步子小、邁不開且感覺軟綿綿的。原因主要是上身的核心肌群肌力不夠，下半身則是大小腿肌力不足，以下是幾種鍛鍊下肢肌力的動作與方法：

1. 徒手跳躍：初階動作是「墊步高抬單腿」，高抬提一隻腿，另一隻腳墊步，交替輪流前進，雙手配合腳的動作。進階動作是「行進間三步一跳」，每小跑三步就往上跳起來，因為是每三步跳一次，所以每次都使用不同的腳起跳。

2. 跳繩：初階動作是「基本迴旋」，雙手每迴旋一次繩子，雙腳著地起跳一次。中階段動作是「原地跑步跳」，加快繩子迴旋速度，讓自己原地單腳跳。進階段動作是「兩迴旋」：雙腳用力起跳，雙手迴旋兩次繩子，持續進行。

3. 跳欄：在田徑場中間草地，以三角錐和橫桿搭成簡易欄架，來回跳躍。

這幾種練習都可以直接增強下肢彈跳能力，讓你跑起步來腳步輕盈，邁得出去步子，也讓你的運動練習多樣化，增添趣味。

避免膝蓋受傷的鍛鍊秘訣──大腿股四頭肌

跑步一向有「傷膝蓋」的惡名，不可否認，跑步動作的確對膝蓋造成壓力，跑步的人不舒服的地方也以膝蓋附近部位居多，但是並不是不能避免的，膝蓋上方正是大腿股四頭肌群，我們跑步跳躍時，如果大腿股四頭肌群有足夠肌力，可以分擔膝蓋承受的重力，讓膝蓋動作平順進行。因此要跑步不傷膝蓋，除了每次著地時膝蓋部位保持彎曲狀態之外，要常常鍛鍊大腿股四頭肌群，以下是幾種鍛鍊方式，我們可以依場合挑選著做：

1. 坐姿抬腿直伸

坐在椅子上，把單腿直伸抬起，此時支撐腿部打直狀態的肌群就是大腿股四頭肌群。停留伸直的狀態數十秒，直到發痠為止，換腳繼續。鍛鍊一段時間肌群有基本能力之後，可以把另一條腿跨到伸直的腿上，加重重量。上班族常需要開馬拉松式會議，偷偷在會議桌下輪流直伸雙腿，打發時間又可以鍛鍊肌力。

2. 貼牆半蹲

身體貼著牆壁，往下半蹲，然後撐在那裡數分鐘，可以感到大腿肌群肌肉活躍起伏，感到痠痛之後，起來踢踢腿，休息一下，再繼續進行幾個回合。只要有可以貼住的牆壁、柱子就可以進行，這是在家中也可以做的鍛鍊。

3. 單腳站立半蹲

你可以側站在樓梯台階邊上，單腳站立緩緩半蹲下去，另一條腿打直，但是不碰到下一階梯樓板。這動作難度稍高，但是強力有效。

朋友看到網路上超慢跑的資訊，問我超慢跑是否這麼神奇？很慢很慢地跑居然減重的效果比一般慢跑來得好？那以後就慢慢跑就好啦，不再需要每次都跑得氣喘吁吁的。

「超慢跑」顧名思義，就是超級慢、幾近走路速度的跑步。相較於一般時速約7、8公里的慢跑，超慢跑以每小時4、5公里前進。網路上看到的資料有兩個理論：

一、跟一般慢跑比較起來，兩者的差別在於，速度快的激烈運動，使用的是瞬間產生爆發力的「快縮肌」，使醣類產生能量，但力量無法持久，且中途會產生乳酸堆積；超慢跑主要使用的是產生小力氣卻能長時間出力的「慢縮肌」，燃燒的是脂肪，長距離持續跑也不易因乳酸堆積而感到疲勞。

二、雖然超慢跑速度和走路相仿，但超慢跑會確實使用到臀部和大腿前側的肌肉，以及連接上、下半身的髂腰肌，能夠跑得輕鬆，而且能量消耗是健走的兩倍之多。

其實，以上兩個關於超慢跑的理論都有盲點：人體的能量供應系統有三大類，其中會產生乳酸的是「乳酸系統」（Lactate），所提供運動的能源大概數十秒至兩、三分鐘完成之短而激烈的運動，例如八百公尺競賽就是使用這能量系統供應比賽時肌肉所需。這類的能量在使用前會需要氧氣燃燒，但是因人體需求能量孔急，在時間緊迫下無法完全燃燒，於是產生副產品——乳酸。因此第一點談到的一般慢跑，其實並不會產生乳酸，跑馬拉松速度不快，也不會產生乳酸，許多人把肌肉使用過度而產生的肌肉酸痛和乳酸搞在一起，其實是觀念混淆。

對於更長時間的運動，我們人體的能量供應系統是有氧系統，可以分解醣類（碳水化合物）、脂肪和蛋白質，工作時需要氧氣充分參與燃燒之後才產生能量。網路上說「超慢跑能量消耗是健走的兩倍之多」，基本上值得懷疑的說法。

科學理論來說，以下前面也曾說明的這兩張圖表或許可以提供為超慢跑的理論根據。在圖表A（見右頁）我們可以看到運動時能量來源並不是單一來源，是有比例的，一開始當強度不大的運動（例如散步、逛街），能量來源是脂肪比碳水化合物比例高，當運動強度越強（以最大攝氧量為依據），碳水化合物供應能量的比例就漸增高，分解脂肪產生能量的比例下降，黃金交叉點是中度運動強度時，之後強度越強，兩者的比例差別越大，因此可以說中度運動強度以下的運動分解脂肪較多，我推測推展超慢跑的人說慢速度的跑步可以消耗脂肪原因在此，但是不能據此說超慢跑就可以減重，因為如同一般常識：「逛街不會瘦」，雖然逛街使用的能量來源大部分是分解脂肪來的，但是由於逛街運動強度很低，消耗的卡路里很少，逛一小時消耗的能量約200大卡而已，假設全部都是分解脂肪也只有消耗掉25公克的脂肪（200大卡／7700大卡），這是由於要消耗一公斤的脂肪需要消耗7700大卡的熱量。同樣的道理，超慢跑因為動作小，速度慢，消耗的卡路里也低，推測應該在每小時每公斤7大卡左右，也就是70公斤的人，超慢跑一小時，消耗490大卡，大約相當於半個便利商店便當的熱量。第二張圖表B（見右頁）告訴我們當運動時間越長，身體越依賴脂肪分解來產生能量，因此要想減重，減去脂肪，運動時間就必須拉長，兩小時以上的持續有氧運動，消耗的能量都從分解脂肪得來。

因此我回答朋友問超慢跑是否真的這麼神奇時，我說退休的人比較適合用超慢跑來減重，理由就是需要兩小時以上長時間的超慢跑才有減去脂肪的效果，我們一般上班族較難抽出兩個小時以上時間，同時因為強度不強，總消耗的卡路里有限，需要運動的次數很頻繁，幾乎每天實施，才會有效。我推薦退休的人做超慢跑的另一個理由，是對體能要求較低，慢速前進較不容易受傷。對於青壯輩的人來說要減重，還是把身體肌群鍊結實，然後常常進行一般性慢跑，效果較佳。

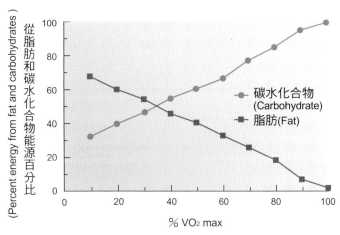

運動強度增加時，碳水化合物供應能量比例提高

圖表 A　運動強度與能量來源

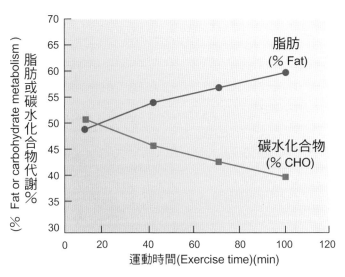

運動強度增長時，脂肪供應能量的比例會增加

圖表 B　運動時間與能量來源

5

運動減重成功
案例分享

[案例 1]

蕭先生
靠運動**減重 27 公斤**

....

問題一、最重的體重是多少？在何時？現在體重多少？身高多少？

2007年107kg，目前（至2015年11月）80kg，身高178cm。

問題二、何時開始胖起來？原因是？持續多久？

2003年退伍開始工作後，沒有規律的運動，暴飲暴食吃宵夜，一個人吃兩人份，輪班作息不正常，導致體重破百，體檢報告尿酸過高，中度脂肪肝，肝指數過高，持續了7~8年左右。

問題三、你曾經嘗試過其他減重方法但是無效的嗎？請描述方法和過程。

飯後吃減肥藥排去過多油脂，但會造成腹瀉腸胃不適，最終停止服用。

問題四、何時開始運動減重？請敘述採用的方法。

2010年開始騎腳踏車，體重有些許減輕，花費時間長但效果不明顯。
2013年開始接觸跑步，從一開始到學校跑操場開始慢慢跑，跑個400
公尺10圈就開心得不得了，經過持續的跑步，累積跑量，學習做肌力
運動。並且勤做功課，改正自己的飲食觀念，體重慢慢下降且脂肪減
少、肌肉增加，整個人也精神很多。

問題五、對於食物有進行控制嗎？控制內容是？

聰明分配三餐份量，提高身體代謝，多攝取奇異果、蘋果、香蕉、堅
果。油炸類食物攝取降低，少吃零食，不喝甜的飲料，少吃加工食
品，吃東西之前會先想想這是對身體好的東西嗎？

問題六、你覺得減重之後身心有哪些收穫與改變？

體態變佳，體力變好，肥肉變肌肉，沒有啤酒肚，可以輕鬆彎腰剪腳趾甲。

有正面的思考及能量，勇於挑戰自我，對自己更有信心，很愛照鏡子秀身材，並可以與人滔滔不絕分享運動養生。

問題七、你會給想減重的人的建議是？

你不會因為多吃一餐而變胖，也不會因為少吃一餐而變瘦，只要在對的時間吃對的食物，減重不一定要挨餓。

養成規律的運動習慣是絕對必要條件，沒有運動是不可能健康減重的，要有恆心與毅力，羅馬不是一天造成的，減重成功後要維持五年以上才算真正成功。

我靠跑步瘦身健身，但跑步也是一門學問，我很努力的學習及研究，如果你和我一樣想用跑步來減重，跑步的大小事，請參考郭老師的書。

[案例2]

真娟
靠運動**減重11公斤**

....

問題一、最重的體重是多少？在何時？現在體重多少？身高多少？

最重的體重是76公斤，時間約在2004年，生完第二個小孩之後。

現在體重65公斤，身高172cm。

問題二、何時開始胖起來？原因是？持續多久？

想當年還是輕熟女時，體重都維持在62公斤左右，身材窈窕，穠纖合
度，但是生完小孩之後，一切全走樣了。懷孕時增胖了16公斤，生產
完後半年，還有10公斤在身上，雖然斷斷續續都有在運動，但受限於
職業婦女，家庭工作兩頭燒，這10公斤陪伴我達5～6年之久。

問題三、你曾經嘗試過其他減重方法但是無效的嗎？請描述方法和過程。

有，曾經試過瑜伽，跑步，游泳，縮食，減肥食譜，中醫埋線，體重像溜溜球一樣，過一陣子就統統失而復得。

瑜　伽　每週一次，時間長達1年，體重變化不大，身形也變化不大，但柔軟度變好。

跑　步　曾經每天早上6點起床，趕在上班上課前跑個10~20分鐘，但跑不到3個月就放棄了，因為遇上冬天，早起的難度太高。

游　泳　游泳耗時太長，從準備泳裝泳具，到游泳池的交通時間，泳前熱身，泳後梳洗換裝，再驅車回家，一趟下來至少要2-3小時，所以一週、甚至一個月根本游不到幾次。加上游泳後肚子總是特別餓，食量增加，一陣子下來，體重不減反增。

縮食+減肥食譜　常聽專家和電視說，減重的不二法門就是少吃，所以就蒐集了一些所謂的減肥菜單或食譜，有三日餐、五日餐等等，心裡想說，照著吃就會瘦了吧。還有一些減肥菜單甚至標榜菜單所搭配的食物，有相互化學作用，所以要照菜單吃，不能任意更換菜色。試了幾次，餓得頭昏眼花不說，準備菜單相當費工，而且嘴巴饞得要命，路上看到最愛吃的麵包店，只能繞路遠行，眼不見為淨。這個方法當然也不成功，每天都吃不飽，吃得不滿足，心情烏雲滿布，人都快得憂鬱症了。

中醫埋線　嘗試了一個療程，時間約2個月，初期第1-2週，體重下降很快，每週都會降個2-3公斤，但是到了第3週就停滯了，療程結束，恢復正常飲食後，不到1月個體重就統統回來了。這個方法費用

高貴，而且過程還要控制飲食和
水份，花錢花時又費工。

問題四、何時開始運動減重？請
敘述採用的方法。

其實一直都想要減重，只是一直
沒有找到一個可以持之以恒的有
效方法。

大約到了孩子長大自理能力較好
的時候，我有比較多自主時間可

以運用，於是想要回歸最自然原始的方式減重，就是運動。因為家裡
附近的運動場多，跑步成了最方便也最省時的方式。

一開始是每週跑2次，一次大約3公里（20分鐘），慢慢的拉長距離，
拉長時間， 也嘗試參加一些短距離的路跑比賽，讓自己有一個努力的
目標，持續跑下去。

問題五、對於食物有進行控制嗎？控制內容是？

盡量不吃油炸類，減少吃零食，不吃宵夜。

其餘三餐或是水果，都正常飲食，並不刻意節食。

問題六、你覺得減重之後身心有哪些收穫與改變？

先前胖胖的時候，總感覺自己變得醜醜，人的自信心會退步，思考模
式都會比較負面。

減重之後，人變得有精神，也變得漂亮，臃腫的身材不見了，自信心也回來了。

而且，可以再穿上輕熟女時留下來的衣服，心情超級飛揚，即使有些衣服略顯過時，依舊穿得不亦樂乎。

而且因為定時運動，感冒生病的機率變少，冬天也比較不怕冷，感覺身體健康許多。

問題七、你會給想減重的人的建議是？

一定要使用正確的、而且是愛護自身健康的方法減重，不要過於激進，按部就班慢慢來，減重過程確實辛苦，建議可以適時尋求家人朋友的陪伴，或是和運動同好一起運動互相鼓勵，會讓減重過程更加順利且不孤單。

[案例3]

庠宇
靠運動**減重31.5公斤**

....

問題一、最重的體重是多少？在何時？現在體重多少？身高多少？

2009年開始戒煙，當時體重已達90公斤左右， 2010年開始約102公斤。

目前（至2015年11月）體重70.5公斤，身高169公分。

問題二、何時開始胖起來？原因是？持續多久？

2000年開始感覺身體代謝變慢、外食應酬增加、大魚大肉少青菜，作息不正常。

持續至2009年身體產生心律不整、高血壓及三酸甘油脂過高等疾病，更慘的是在洗澡時，自己看不到腳趾頭，因被鮪魚肚給遮住視線。

問題三、你曾經嘗試過其他減重方法但是無效的嗎？請描述方法和過程。

曾經用節食方式（沒有運動）。

早餐——吐司麵包2片，午餐——牛奶及吃芭樂（或蘋果），晚餐——不吃澱粉只吃蔬菜。當時有瘦一些，但因長期處在飢餓當中，身體感覺很虛弱，不久就破功了。

問題四、何時開始運動減重？請敘述採用的方法。

2009~2012年間，因胸悶、心律不整及高血壓等問題，而長期服用藥物。2011年經由醫生的建議，作適當的運動——「健走」，健走兩個月之後看到公園的年長者在慢跑，當下自覺體能應該可以，當下嘗試超～超～超～慢跑，只是跑不到50公尺就因心臟、肺部無法承受（因戒掉近25年每天約2包菸的歲月），以及沒有肌力的關係膝蓋馬上疼痛，而坐在路邊20分鐘無法站立，但是從此開始我的長期減重運動——慢跑，之後加入「跑步學堂」，學習如何正確的運動。

問題五、對於食物有進行控制嗎？控制內容是？

有進行控制。飲食均衡，多吃蔬果及控制攝取量，少油少鹽、少糕點及不飲含糖飲料。

問題六、你覺得減重之後身心有哪些收穫與改變？

身體變健康不易生病（以往每年的2月季節轉換，一定會上呼吸道發炎而高燒不退）。

身型、精神都變好、人際關係也會改變，應該說是身心靈都獲得不一樣的收穫。

問題七、你會給想減重的人的建議是？

過程是辛苦的，收穫是甜美的，一切操之在我。

衣服都要重買，小心～褲帶要勒緊～哈哈！

6

郭老師的建議課表

你可能是體重超過標準體重很多的人，你可能是很久不敢上磅秤的人，你可以是很久沒運動的人，妳也可能是產後就沒有瘦下來的媽媽，你可能是嘗試好幾次運動但是都沒成功的人，不管你是哪一種人，以下的運動處方對你啟動運動減重都是重要的開始：

（快走見DVD影片：快走示範）

第1週						
週一	週二	週三	週四	週五	週六	週日
（快走3分鐘，正常走路3分鐘）X3回合，靜態伸展	核心肌群鍛鍊，每個動作反覆6-8下	（快走5分鐘，正常走路3分鐘）X5回合，靜態伸展	核心肌群鍛鍊，每個動作反覆6-8下	（快走5分鐘，正常走路3分鐘）X6回合，靜態伸展	休息（註：可以自行調配休息日）	郊遊健行
第2週						
週一	週二	週三	週四	週五	週六	週日
（快走5分鐘，正常走路2分鐘）X3回合，靜態伸展	核心肌群鍛鍊，每個動作反覆6-8下	（快走5分鐘，正常走路2分鐘）X5回合，靜態伸展	核心肌群鍛鍊，每個動作反覆6-8下	（快走5分鐘，正常走路2分鐘）X6回合，靜態伸展	休息	正常走路5分鐘，快走20分鐘，靜態伸展

第3週						
週一	週二	週三	週四	週五	週六	週日
快走25分鐘	核心肌群鍛鍊，每個動作反覆6-8下，兩回合	快走30分鐘	核心肌群鍛鍊，每個動作反覆6-8下，兩回合	快走40分鐘	快走40分鐘	休息

第4週						
週一	週二	週三	週四	週五	週六	週日
（快走10分鐘，慢跑3分鐘）X2回合	核心肌群鍛鍊，每個動作反覆6-8下，兩回合	（快走10分鐘，慢跑3分鐘）X2回合	核心肌群鍛鍊，每個動作反覆6-8下，兩回合	（快走10分鐘，慢跑3分鐘）X2回合	快走50分鐘	休息

第5週						
週一	週二	週三	週四	週五	週六	週日
（快走10分鐘，慢跑3分鐘）X3回合	核心肌群鍛鍊，每個動作反覆6-8下，兩回合	（快走10分鐘，慢跑3分鐘）X3回合	核心肌群鍛鍊，每個動作反覆6-8下，兩回合	（快走10分鐘，慢跑3分鐘）X3回合	快走50分鐘	休息

第6週						
週一	週二	週三	週四	週五	週六	週日
（快走10分鐘，慢跑5鐘）X2回合	核心肌群鍛鍊，每個動作反覆6-8下，兩回合	（快走10分鐘，慢跑5鐘）X2回合	核心肌群鍛鍊，每個動作反覆6-8下，兩回合	（快走10分鐘，慢跑5鐘）X2回合	快走50分鐘	休息

第7週						
週一	週二	週三	週四	週五	週六	週日
（快走5分鐘，慢跑5分鐘）X4回合	核心肌群鍛鍊，每個動作反覆6-8下，兩回合	（快走5分鐘，慢跑5分鐘）X4回合	核心肌群鍛鍊，每個動作反覆6-8下，兩回合	（快走5分鐘，慢跑5分鐘）X4回合	快走60分鐘	休息
第8週						
週一	週二	週三	週四	週五	週六	週日
（快走5分鐘，慢跑10分鐘）X4回合	核心肌群鍛鍊，每個動作反覆8-10下，兩回合	（快走5分鐘，慢跑10分鐘）X4回合	核心肌群鍛鍊，每個動作反覆8-10下，兩回合	（快走5分鐘，慢跑10分鐘）X4回合	休息	慢跑25-30分鐘

註：本課表之核心肌群鍛鍊皆為基礎核心肌群（見第62頁）

八週之後，你應該可以一口氣慢跑30分鐘，同時核心肌群力量也建立起來了，加上聰明的飲食，體重可以減輕2-3公斤。接下來，你持續慢跑或者跑跑走走無妨，把時間逐漸拉長到一個小時。別忘了核心肌群持續鍛鍊，可以增加到三回合。

課表二	快速消耗熱量的10公里練習

這是一個月的課表，假設你已經有慢跑一小時的能力了，想參加10公里賽事，從參賽日開始往回推算一個月的練習內容，這份課表可以讓你邊練習邊消耗大量的熱量！

我們故意不使用所謂「科學的」心跳監測訓練，而讓你用自我的感覺去練習，除了免除一定要買心跳錶的門檻之外，積極面是培養自覺，當自己身體的主人，每次練習大約可以消耗600-800大卡熱量。

慢跑是可以邊跑步邊和同伴講話，感覺微喘的程度。輕快跑是比慢跑快，但仍是可以斷續講話的程度，不需要太快。

第1週						
週一	週二	週三	週四	週五	週六	週日
慢跑30分鐘，跳繩15分鐘	核心肌群鍛鍊，每個動作反覆12-16下，兩回合	慢跑30分鐘，休息3分鐘。（1分鐘輕快跑[在田徑場跑200公尺]，3分鐘慢跑）X5回合	核心肌群鍛鍊，每個動作反覆12-16下，兩回合	慢跑20分鐘，休息2分鐘。（1分鐘輕快跑[在田徑場跑200公尺]，3分鐘慢跑）X8回合	休息（註：可以自行調配休息日，一週休息至少一天）	慢跑50-60分鐘

第2週						
週一	週二	週三	週四	週五	週六	週日
慢跑30分鐘，跳繩20分鐘，慢跑10分鐘	核心肌群鍛鍊，每個動作反覆12-16下，兩回合	慢跑30分鐘，休息3分鐘。（1分鐘輕快跑[在田徑場跑200公尺]，3分鐘慢跑）X10回合	核心肌群鍛鍊，每個動作反覆12-16下，兩回合	慢跑20分鐘，休息2分鐘。（2分鐘輕快跑[在田徑場跑400公尺]，3分鐘慢跑）X8回合	休息（註：可以自行調配休息日）	慢跑50-60分鐘

第3週						
週一	週二	週三	週四	週五	週六	週日
慢跑20分鐘，跳繩10分鐘，兩回合	核心肌群鍛鍊，每個動作反覆12-16下，三回合	慢跑30分鐘，休息3分鐘。（2分鐘輕快跑[在田徑場跑200公尺]，3分鐘慢跑）X10回合	核心肌群鍛鍊，每個動作反覆12-16下，兩回合	慢跑20分鐘，輕快跑15分鐘，慢跑20分鐘	休息（註：可以自行調配休息日）	慢跑60-70分鐘

第4週						
週一	週二	週三	週四	週五	週六	週日
慢跑30分鐘，輕快跑20分鐘，慢跑20分鐘	核心肌群鍛鍊，每個動作反覆12-16下，兩回合	慢跑30分鐘，輕快跑10分鐘，慢跑10分鐘	慢跑20分鐘，輕快跑10分鐘，慢跑10分鐘	休息	休息	比賽（參賽時使用慢跑的速度或者介於慢跑和輕快跑中間的速度，微笑通過終點。）

註：本課表之核心肌群鍛鍊皆為基礎核心肌群（見第62頁）

課表三　最適合上班族的半程馬拉松

全程馬拉松對上班族來說太長了點，參賽要能感覺輕鬆完成，練習距離要每週40公里以上，一般上班族沒那麼多時間練習，可是，10公里又跑不過癮，於是半程馬拉松是上班族的首選！

這是一份6週的課表，要能輕鬆完成，準備時間不能低於6週，我們不管速度，只求能平順跑進終點。想在兩小時內完成的人可以增加有@記號的練習內容。

跳繩可以增加小腿的彈跳力量，建立力量之後，幫助腳步輕盈，有適當的彈跳，而且避免參賽時抽筋。週五的上坡跑是增強大小腿和心肺耐力的秘訣，郊區的山路都可以練習。

第1週						
週一	週二	週三	週四	週五	週六	週日
慢跑30分鐘，輕快跑10分鐘，慢跑10分鐘，跳繩10分鐘	核心肌群鍛鍊，每個動作反覆12-16下，兩回合	慢跑30分鐘，（1分鐘輕快跑，3分鐘慢跑。如在田徑場練習，就是跑200公尺輕快跑，200公尺慢跑）X5回合	核心肌群鍛鍊，每個動作反覆12-16下，兩回合	慢跑20分鐘，輕快跑20分鐘，慢跑20分鐘（@快跑400公尺5圈，中間休息3分鐘）	休息（註：可以自行調配休息日，一週休息至少一天）	慢跑60分鐘
第2週						
週一	週二	週三	週四	週五	週六	週日
慢跑30分鐘，跳繩20分鐘，慢跑10分鐘（@輕快跑800公尺4趟，中間休息3分鐘）	核心肌群鍛鍊，每個動作反覆12-16下，三回合	慢跑30分鐘，（1分鐘輕快跑，3分鐘慢跑。如在田徑場練習，就是跑200公尺輕快跑，200公尺慢跑）X7回合	核心肌群鍛鍊，每個動作反覆12-16下，三回合	跑上坡50分鐘（上坡時間約佔一半時間）	休息（註：可以自行調配休息日）	慢跑60分鐘

第3週						
週一	週二	週三	週四	週五	週六	週日
慢跑20分鐘，跳繩10分鐘，兩回合（@輕快跑800公尺6趟，中間休息3分鐘）	核心肌群鍛鍊，每個動作反覆12-16下，三回合	慢跑30分鐘，（1分鐘輕快跑，3分鐘慢跑。如在田徑場練習，就是跑200公尺輕快，200公尺慢跑）X10回合	核心肌群鍛鍊，每個動作反覆12-16下，兩回合	跑上坡60分鐘	休息（註：可以自行調配休息日）	慢跑80分鐘

第4週						
週一	週二	週三	週四	週五	週六	週日
慢跑20分鐘，輕快跑30分鐘，慢跑20分鐘，跳繩10分鐘（@輕快跑800公尺8趟，中間休息3分鐘）	核心肌群鍛鍊，每個動作反覆12-16下，兩回合	慢跑20分鐘，（2分鐘輕快跑，3分鐘慢跑。如在田徑場練習，就是跑400公尺輕快跑，400公尺慢跑）X8回合	慢跑20分鐘，輕快跑10分鐘，慢跑10分鐘	跑上坡60分鐘	休息	慢跑90分鐘

第5週						
週一	週二	週三	週四	週五	週六	週日
慢跑20分鐘，輕快跑30分鐘，慢跑20分鐘，跳繩10分鐘（@輕快跑800公尺6趟，中間休息3分鐘）	核心肌群鍛鍊，每個動作反覆12-16下，兩回合	慢跑20分鐘，（2分鐘輕快跑，3分鐘慢跑。如在田徑場練習，就是跑400公尺輕快跑，400公尺慢跑）X8回合	慢跑20分鐘，輕快跑20分鐘，慢跑20分鐘	跑上坡60分鐘	休息	慢跑80分鐘
第6週						
週一	週二	週三	週四	週五	週六	週日
（慢跑10分鐘，輕快跑10分鐘）X3回合	慢跑40分鐘	（慢跑5分鐘，輕快跑10分鐘）X3回合	慢跑40分鐘	休息	休息	比賽

註：本課表之核心肌群鍛鍊皆為基礎核心肌群（見第62頁）

課表四　跑全程馬拉松其實不難

42.195公里的全程馬拉松聽起來很長，其實用走的話是很長很難，但是用跑的，反而較容易，每年12月的夏威夷馬拉松有眾多的日本跑者去參賽，其中有不少上班族女生，俗稱的OL（office ladies），報名參加旅行社的團還會有週末團練指導，她們雖然練得不太夠，但是仍勇敢參賽。比賽的隔天，街上都是日本的OL們，忍著肌肉痠痛，走路一瘸一瘸的，但仍興高采烈地逛街購物。

跑完全程馬拉松雖然不難，但是有足夠的練習，還是微笑通過終點的保證。以下的課表是給第一次參加馬拉松的人練習的參考，我們捨棄那些聽起來很高級的練習方法，例如間歇訓練和亞索800等，而用簡單易實行的練習方式，讓大家免於訓練恐懼，其實透過有系統的、有效率的練習，五小時左右完成馬拉松並不是難事。

要練下面課表的條件是你已經跑過兩次以上的半程馬拉松，可以持續跑90分鐘以上的人。準備馬拉松至少要8週，讓自己身體能慢慢適應運動強度，時間太短，受傷的機會增大。因為強度較大，每週休息時間反而多，安排一週有兩天的休息。跳繩可以增加小腿的彈跳力量，建立力量之後，參賽時都不怕會抽筋了。週五的上坡跑是增強大小腿和心肺耐力的秘訣，郊區的山路都可以跑。從第一週開始強度會逐漸加強，在第5週強度會略降，讓身體喘息一下，第七週開始強度下降，讓身體多休息，準備比賽。

第1週						
週一	週二	週三	週四	週五	週六	週日
慢跑50分鐘，跳繩15分鐘	休息。核心肌群鍛鍊，每個動作反覆6-8下，兩回合	（慢跑10分鐘，輕快跑5分鐘）X4回合	慢跑20分鐘，休息或快走10分鐘，慢跑20分鐘	慢跑20分鐘，輕快跑30分鐘，慢跑10分鐘	休息。核心肌群鍛鍊，每個動作反覆6-8下，兩回合（註：可以自行調配休息日）	慢跑70分鐘

第2週						
週一	週二	週三	週四	週五	週六	週日
休息。核心肌群鍛鍊，每個動作反覆8-12下，兩回合	慢跑30分鐘，跳繩15分鐘	（慢跑10分鐘，輕快跑8分鐘）X4回合	慢跑20分鐘，休息或快走10分鐘，慢跑20分鐘	跑上坡60分鐘（有一半時間是上坡）	休息。核心肌群鍛鍊，每個動作反覆8-12下，兩回合	慢跑90分鐘

第3週						
週一	週二	週三	週四	週五	週六	週日
休息。核心肌群鍛鍊，每個動作反覆8-12下，兩回合	慢跑30分鐘，跳繩20分鐘	（慢跑10分鐘，輕快跑8分鐘）X4回合	慢跑20分鐘，休息或快走10分鐘，慢跑20分鐘	跑上坡60分鐘（有一半時間是上坡）	休息。核心肌群鍛鍊，每個動作反覆8-12下，兩回合	慢跑100分鐘

第4週						
週一	週二	週三	週四	週五	週六	週日
休息。核心肌群鍛鍊，每個動作反覆16下，兩回合	慢跑30分鐘，跳繩10分鐘X3次	（慢跑10分鐘，輕快跑10分鐘）X4回合	慢跑30分鐘或休息	跑上坡70分鐘（有一半時間是上坡）	休息。核心肌群鍛鍊，每個動作反覆16下，兩回合	慢跑120分鐘或者22-24公里長距離

第5週						
週一	週二	週三	週四	週五	週六	週日
休息。核心肌群鍛鍊，每個動作反覆16下，兩回合	慢跑30分鐘，跳繩10分鐘X2次	（慢跑10分鐘，輕快跑8分鐘）X4回合	慢跑30分鐘或休息	跑上坡50分鐘（有一半時間是上坡）	休息，核心肌群鍛鍊，每個動作反覆16下，兩回合	慢跑140分鐘或者26-30公里

第6週						
週一	週二	週三	週四	週五	週六	週日
休息。核心肌群鍛鍊，每個動作反覆20下，兩回合	慢跑30分鐘，跳繩10分鐘X4次	（慢跑10分鐘，輕快跑10分鐘）X4回合	慢跑30分鐘或休息	跑上坡80分鐘（有一半時間是上坡）	休息，核心肌群鍛鍊，每個動作反覆8-12下，兩回合	慢跑3小時或者30-35公里長距離

第7週						
週一	週二	週三	週四	週五	週六	週日
休息。核心肌群鍛鍊，每個動作反覆20下，兩回合	慢跑30分鐘，跳繩20分鐘	（慢跑10分鐘，輕快跑10分鐘）X4回合	慢跑30分鐘或休息	跑上坡50分鐘（有一半時間是上坡）	休息	慢跑60分鐘

第8週						
週一	週二	週三	週四	週五	週六	週日
慢跑30分鐘	休息。核心肌群鍛鍊，每個動作反覆8-10下，兩回合	比賽速度跑三次2000公尺（中間有5分鐘的休息）	慢跑20分鐘，比賽速度跑2000公尺	休息	休息	比賽

註：本課表之核心肌群鍛鍊皆為基礎核心肌群（見第62頁）

上下坡要怎麼跑？（見DVD影片：跑上下坡示範）

跑上坡固然會喘會累，卻是增強大小
腿肌力和心肺耐力的大好機會，不是
所有國家和地方都有上坡可以練習，
本地的跑者得天獨厚，有很多上下坡
可以跑。關於跑上坡的要訣有：

1. 縮小步幅（坡度大時，速度也慢
   下來），**有意識地指揮腳踝附近
   肌群用力**，讓身體往上前進。
2. **加大雙手的擺動幅度**，指揮疲憊
   的雙腳前進。
3. 身體略前傾，**眼光只看前面一、兩公尺處**，不要往上看，專心地一
   步一步往上升。
4. 心裡要想著跑上坡正面的效益：增強大小腿肌力、心肺耐力、燃燒
   脂肪等。

有上坡就有下坡，跑下坡關鍵在如何抵銷身體的衝力，關於跑下坡的要訣有：

1. **絕不踩煞車**，利用雙腳高交換頻率去抵銷衝力。如果發現自己即使用最高的頻率仍無法抵銷衝力，必須踩煞車才能止住時，寧願改用走路，踩煞車傷膝蓋。

2. 腳著地時腿部保持彎曲狀態，膝蓋不打直，以免膝蓋受力太大。

3. 身體角度較跑上坡時直立點，但是不往後傾太多，以免著地膝蓋時會打直。

也因為必須用高頻率去交換雙腳，所以**跑下坡是提高步頻的訓練方法**之一，建議跑者的步頻約每分鐘180步。

運動時需要熱量,當然我們希望消耗的主要是脂肪,但是大量運動也消耗掉血液中的血糖和肌肉中的肝醣,因此我們要補充的是碳水化合物和蛋白質,最實際方便的是便利商店的**烤地瓜和茶葉蛋**,油脂含量很低,如果大量流汗可以喝一瓶運動飲料,補充電解質,此外,茶葉蛋也有鹽分。便利商店除了烤地瓜之外,關東煮中的玉米,以及麵包區的貝果也可以。關東煮中魚板、貢丸等油量含量都高,其他的麵包類、泡麵也都如此。

有此一說:「運動後不要立刻吃東西,讓脂肪繼續燃燒,可以減肥」,乍聽之下有道理,其實是錯誤的。肌肉中的能量細胞因運動消耗需要補充,血液中的血糖也在低量狀態,不立刻進食,身體會分解肝臟的肝醣去平衡血糖,維持身體運作,等肝醣分解之後再進食,補充的食物熱量不進到肌肉細胞中了,血液中的血糖也不需要補充,吃進去的食物熱量反而多數轉成脂肪儲存。所以**運動後補充要在一小時以內進行,30分鐘左右進食最好。**

郭老師的運動減重課

教你真正能幫助減重塑身的運動！
提高基礎代謝率更不需要挨餓！
當個身材好又健康自信的快樂人！

作者　郭豐州
主編　蔡曉玲
行銷企畫　李雙如
美術設計　Joseph
攝影與DVD製作　子宇影像工作室徐榕志

發行人　王榮文
出版發行　遠流出版事業股份有限公司
地址　臺北市南昌路2段81號6樓
客服電話　02-2392-6899
傳真　02-2392-6658
郵撥　0189456-1
著作權顧問　蕭雄淋律師

2015年12月1日　初版一刷
行政院新聞局局版台業字號第1295號
定價　新台幣350元（如有缺頁或破損，請寄回更換）
有著作權‧侵害必究　Printed in Taiwan
ISBN　978-957-32-7746-0
遠流博識網 http://www.ylib.com
E-mail: ylib@ylib.com

國家圖書館出版品預行編目(CIP)資料

郭老師的運動減重課 / 郭豐州著. -- 初版. -- 臺北市：
遠流, 2015.12

　　面；　公分

ISBN 978-957-32-7746-0(平裝)

1.減重 2.塑身 3.運動健康

425.2　　　　　　　　　　　　104024236

BLACK YAK®
DESIGNED BY MOUNTAINEERS

頂級戶外品牌

代言人韓國巨星 趙寅成

 Gore-Tex 3L
防水透氣面料，
拉鍊式套接設計

 肩部使用異材質拼接
加強耐磨性

 腋下插片使用
彈性刷毛材質拼接

 拉鍊式
雙插手口袋

 可調(拆)式
兜帽

GoHiking 全台門市、太平洋SOGO忠孝館及各經銷商

太平洋SOGO忠孝館 台北市大安區忠孝東路四段45號10樓
信義門市 台北市大安區信義路三段166-1號
大安門市 台北市大安區信義路四段300號
師大門市 台北市大安區和平東路一段202號

吉林門市 台北市中山區吉林路99號
南昌門市 台北市中正區南昌路一段123號
萬芳門市 台北市文山區興隆路三段118號
建國門市 新北市新店區建國路276號

客服專線：0800-631-888

永和門市	新北市永和區中山路一段161號	羅東門市	宜蘭縣羅東鎮中興路1號1F
板橋門市	新北市板橋區中山路一段65號	北門門市	台南市東區北門路一段38號
新莊門市	新北市新莊區新泰路118號	新崛江門市	高雄市新興區中山一路2號
桃園門市	桃園市桃園區三民路三段186號		

 獨家販售 ────────────

信義旗艦　　台北市大安區信義路三段166-1號　　（02）2700-6508
吉林門市　　台北市中山區吉林路99號　　　　　　（02）2562-6371

phenix

重新詮釋機能美學　　融入時尚舒適穿搭

OUTDOOR FASHION
戶外到城市 零距離

www.gohiking.com.tw

建國門市	新北市新店區建國路276號	(02) 2912-0385
新莊門市	新北市新莊區新泰路118號	(02) 2992-4271

給大人的體育課

很多人對小時候體育課的印象，停留在發　下器材、老師帶完熱身操就自由活動，如果是體能表現較差的同學，絲毫無法體會運動、流汗的樂趣。

近年路跑風氣盛行，有越來越多過去沒有運動習慣的市民，開始嘗試每週、每天出門活動筋骨。

第一次看到課程時，許多人內心都會浮現疑問，「跑步也要上課？」。你知道怎樣才能動得健康，動得長久？

跑步學堂初、中、高階課程，由國際超馬總會技術委員、台灣超馬運動推手郭豐州老師一手打造，也是全台首套結合科學化訓練的系統跑步教材。

初階班（8堂課）
不受傷的跑步人生，就從正確的走一步開始。

中階班（10堂課）
練跑菜單百百種，除了練得飽，更要練得安全。

高階班（8堂課）
做自己的跑步教練，釐清訓練、賽事分配要點。

只要填寫回函，並剪下回函寄回遠流出版公司，
就有機會抽中以下由GoHiking戶外環保機能通路

提供的限量贈品（共10名）！

＊美國印金足INJINJI吸排五趾短襪／市價450元

- 榮獲美國足部醫療協會（APMA）獎章

- 具最先進的COOLMAX溼氣調節纖維，有效吸收控制腳趾間的濕氣、保持乾爽，避免長時間的跑步造成腳底與跑鞋的摩擦，引起水泡。

- 專利AIS技術，完全符合人體工學五趾設計，讓腳趾穿在鞋裡也能像沒穿襪一樣服貼舒適，靈活自如。

- 環狀足弓支撐設計，可防止腳底在鞋內滑動，減緩足弓疲勞。一體成型技術編織，減少壓力點及異物感。

活動辦法：
只要填寫回函，並剪下回函寄回「台北市100 南昌路2段81號4樓 遠流出版三部 收」，就有機會抽中以上由GoHiking戶外環保機能通路提供的限量贈品。即日起至2016 年2月5日前寄回（郵戳為憑），2016年2月19日於「閱讀再進化」公布得獎名單！

領獎辦法：
＊參加抽獎視同同意領獎辦法。領獎辦法係滿足國稅局相關規定，中獎人請體諒並勿與本公司爭執。
＊獲得贈品之中獎人，需於上班時間攜帶身分證親赴本公司填寫收據後領取贈品。公布得獎名單1個月內未親領者視同放棄贈品，由其他參與抽獎讀者替補。

備註：
＊本活動贈品不得要求變換現金或是轉換其他贈品，亦不得轉讓獎品給他人。
＊贈品顏色以寄發實物為準且贈品顏色無法指定。
＊如遇商品缺貨或尺寸無法滿足等因素時，GoHiking有權以其他等值商品替代。

1. 性別　□男　□女
2. 您的年齡層為　□未滿18歲　□18-24歲　□25-34　□35-44　□45-54　□55-64　□65+
3. 您運動的主要目的為？
　　□維持健康與身材　□增進體能　□挑戰自我　□抒解壓力　□接觸大自然　□其他（填寫）_____
4. 您的運動頻率為何？
　　□每天都有運動　□每週運動3~5次　□每週運動1~2次　□不一定　□不運動（接第8題）
5. 您平常從事的運動項目為何? (可複選)
　　□跑步　□游泳　□單車　□登山健行　□籃球　□室內運動　□其他（填寫）_____
6. 您有登山健行的習慣嗎？　□有(接第7題)　□沒有(接第8題)
7. 您喜歡從事何種登山健行活動？
　　□郊山/步道　□短程中級山　□大眾化百岳　□長程縱走　□探勘路線　□其他（填寫）_____
8. 您曾購買過戶外運動用品嗎？　□有　□沒有（接第13題）
9. 請問您購買過什麼戶外運動產品？(可複選)
　　□服飾　□鞋類　□背包　□配件　□其他（填寫）_____
10. 請問什麼因素會影響你購買戶外運動用品？（最多可選2項）
　　□價格　□品牌　□品質　□樣式　□功能　□折扣　□其他（填寫）_____
11. 請問您認識哪些戶外用品品牌？(可複選)
　　□GoHiking　□Black Yak　□Phenix　□The North Face　□歐都納Atunas　□山頂鳥Hill Top
　　□其他（填寫）_____
12. 您願意再度購買該品牌產品的原因？（最多可選2項）
　　□已習慣使用　□價格實在　□對樣式的喜好　□對品牌的信任　□其他（填寫）_____
13. 您平常生活中獲得新聞資訊的來源為何？(可複選)
　　□報紙　□雜誌　□電視　□網路　□廣播　□親友　□其他（填寫）_____
14. 您準備計劃戶外旅遊活動時，花最多時間在尋找那類資訊？
　　□實用資訊　□路線安排　□體驗分享　□裝備準備　□活動類別　□其他（填寫）_____
15. 什麼戶外旅遊題材您特別感興趣？（最多可選2項）
　　□旅遊休閒　□野外探索　□生態旅遊　□攝影地點　□歷史古蹟　□其他（填寫）_____
16. 請問您曾到GoHiking戶外環保機能店消費嗎？□是　□否
17. (承上題)若未購買過，請問原因為何？
　　□沒聽過　□價格過高　□店點太少　□不符需求　□其他（填寫）_____

（請您填寫最穩定常用的EMAIL 信箱，儘量避免不穩定的免費EMAIL，否則您有可能會收不到中獎通知。）
- -

姓　　名：　　　　　　　（請務必確實填寫您的中文姓名）
性　　別：□男 □女
生　　日：　　年____月____日
電　　話：　　　　　　　請填寫得獎人電話（電話與手機為必填欄位，可擇一填寫）
手　　機：　　　　　　　請填寫得獎人手機（電話與手機為必填欄位，可擇一填寫）
地　　址：　　　　　　　　　　　　　　　　　　　（請填寫您的得獎人地址）
學　　歷：□高中以下高中 □高職專科 □大學碩士博士
職　　業：□資訊業 □製造業 □金融業 □廣告業 □服務業 □公務人員 □教師 □軍人
□學生 □其他（填寫）　　　□已退休 □待業中

・您是否願意收到GoHiking最新產品訊息及優惠活動？
　□是, 可mail_____ □否